Les mathématiciens
se plient au jeu

玩不够的数学 ②

当数学遇上游戏

[法] 让-保罗·德拉耶————著　方弦————译

人民邮电出版社

北　京

图书在版编目（CIP）数据

　　玩不够的数学. 2，当数学遇上游戏 ／（法）让-保罗·
德拉耶著；方弦译. —— 北京：人民邮电出版社，
2020.4（2023.1重印）
　　（图灵新知）
　　ISBN 978-7-115-53191-9

　　Ⅰ. ①玩… Ⅱ. ①让… ②方… Ⅲ. ①数学－普及读
物 Ⅳ. ①O1-49

中国版本图书馆CIP数据核字（2019）第291673号

内 容 提 要

　　本书通过折纸、扑克、象棋、数独、掷骰子等20类家喻户晓的游戏阐述
了数学家的思维方式，揭示了游戏中的代数、几何、统计学、逻辑学与人工智
能的种种乐趣，展现了游戏思维在算法、大数据和人工智能发展过程中的独特
作用。本书适合所有热爱数学和各种游戏的大众读者。

◆ 著　　　　[法] 让-保罗·德拉耶
　　译　　　　方　弦
　　责任编辑　戴　童
　　责任印制　周昇亮

◆ 人民邮电出版社出版发行　　北京市丰台区成寿寺路11号
　　邮编　100164　电子邮件　315@ptpress.com.cn
　　网址　https://www.ptpress.com.cn
　　北京捷迅佳彩印刷有限公司印刷

◆ 开本：880×1230　1/32
　　印张：8.125　　　　　　2020年4月第 1 版
　　字数：233千字　　　　　2023年1月北京第 5 次印刷
　　著作权合同登记号　　图字：01-2018-4182号

定价：69.00元
读者服务热线：(010)84084456-6009　印装质量热线：(010)81055316
反盗版热线：(010)81055315
广告经营许可证：京东市监广登字 20170147 号

版 权 声 明

献给我的母亲

前　言

> "那是个认真的人，他总是花时间玩。"
>
> ——刘易斯·卡罗尔（1832—1898）

很多人讨厌数学，但很多人喜欢玩游戏，这就十分矛盾。一来，玩游戏时总会遇到要用数学的时候；二来，所有数学家都会跟你说，对他们来说，数学就是个游戏！如果你不明白这是什么意思，请翻开这本书的任意一章，那里条分缕析了游戏和数学之间不可胜数的某种联系。下面举几个例子。

- ❑ 洗牌是我们每个人都多多少少能迅速完成的工作，但有必要洗这么多次吗？在打牌之前应该知道这一点，但直到最近，人们才搞清楚这是怎么回事，而找到答案主要归功于一位数学家兼前职业魔术师——佩尔西·迪亚科尼斯。
- ❑ 折纸是游戏，也是艺术。在探索纸张精巧的折叠过程中，数学家发现它们能提供比圆规直尺更强大的几何作图能力，同时也是一种不寻常的计算方法。
- ❑ 你会觉得，将几个在统计上不利的赌局连在一起，只会得到又一个不利的赌局。这不一定对！帕龙多悖论毫无疑问地说明了这一点，但深入理解个中原因并不容易。
- ❑ 玩游戏没什么用，更别说会给医学和生物学带来什么好处了。此言差矣！有些游戏不仅有用，而且能让人类与计算机一较高下，而计算机的实力还比不上某些优秀的玩家团队。

胜利对玩家是挑战，而理解对数学家是挑战。很多时候，游戏提出了棘手的问题，通过玩来理解以及理解怎么玩，就落到了同一个人身上，他既是玩家，又是数学家。这带来了大量的工作，某些情况下需要计算机的帮助。游戏提供了许多不可思议的数学结果，本书在展示这些结果时，会尽量避免过于技术性的部分，因为那就是人们讨厌数学的所在。

你还有疑问？接着翻开后面的书页吧。我曾在《为了科学》杂志[①]的"逻辑与计算"专栏上发表过这些文章。借此成书机会，我将之更新并完善，按主题加以归并。文中有许多框内文字，对相关内容进行了拓展和解释。每一章都在尝试证明我们一开始提到的矛盾是多么荒谬：我们应该喜欢数学，而游戏就是最好的方法。

让－保罗·德拉耶

[①]《为了科学》(*Pour la Science*)是《科学美国人》的法语版，但相当一部分文章由法国人撰写，与英文版有相当大的差异。——译者注

目　录

第一部分

骰子、纸牌和棋盘..................... 1

第 1 章　埃弗龙的古怪骰子........................ 2
第 2 章　怎么玩一手完美的扑克............. 14
第 3 章　扑克牌的数学魔术..................... 25
第 4 章　洗牌.. 38
第 5 章　英国跳棋的终结?...................... 50

第二部分

迷人的谜题............................... 63

第 6 章　数独迷局... 64
第 7 章　汉诺塔,不仅仅是小朋友的
　　　　 游戏.. 75
第 8 章　难以置信的推理........................... 87
第 9 章　数字也有韧性.............................. 100
第 10 章　折纸的数学................................ 112

第三部分

图与几何的游戏................... 125

第 11 章　方格上的漫步........................... 126
第 12 章　火柴棍艺术................................ 137
第 13 章　六环的挑战................................ 149
第 14 章　手工几何学................................ 160
第 15 章　分形艺术................................... 171

第四部分

荒谬而矛盾的游戏................ 181

第 16 章　积败为胜..................................... 182
第 17 章　出人意料的硬币...................... 194
第 18 章　"无能者"与彼得原理........... 207
第 19 章　囚徒困境和敲诈幻觉.............. 218
第 20 章　人类,比机器更好的玩家....... 231

参考文献... 242
人名对照表.. 248
图片版权... 252

骰子、纸牌和棋盘

骰子、纸牌和棋子都是游戏用到的东西，但它们的性质、分类和组织的方式，还有产生秩序和随机的方式，都赋予了它们数学身份。一个充满问题和新游戏的无垠领域就此开启……

第 1 章

埃弗龙的古怪骰子

有些骰子带来的胜负结局会很奇怪，与直觉完全不同，令人"误入歧途"。即便是同一个骰子，如果不是掷一次而是两次，那么胜负的结果可能就反过来了！

假如 1 比 2 好、2 比 3 好……直到 $N-1$ 比 N 好，那么 1 当然要比 N 好啊！但是，这不一定。在某些情况下，传递性不存在：1 会输给 N。

马丁·加德纳喜欢那些令人困惑又颠覆常识的小游戏。正是他广泛宣传了埃弗龙的非传递性骰子，后续精彩的派生游戏让最初的悖论扑朔迷离。在 1970 年《科学美国人》的每月专栏上，加德纳介绍了美国斯坦福大学的统计学家布拉德利·埃弗龙刚刚发明的四枚骰子：

我们将这些骰子写成 A = [0, 0, 4, 4, 4, 4]，B = [3, 3, 3, 3, 3, 3]，C = [2, 2, 2, 2, 6, 6]，D = [1, 1, 1, 5, 5, 5]。我们假设这些骰子没做过手脚，每个面朝上的概率都是 1/6。同时掷下骰子 A 和骰子 B，点数大的算赢的话，一共有 6 × 6 =36 种概率相同的可能性，其中有 12 种是 "A 掷到 0 而 B 掷到 3"，而有 24 种 "A 掷到 4 而 B 掷到 3"。于是骰子 A 赢了的情况有 24 种，而骰子 B 赢的情况只有 12 种。骰子 A 在三分之二的情况下都能胜利，自然更好。

比较骰子 B 和骰子 C 的话，会发现 B 也能在三分之二的情况下战胜 C；同样，C 在三分之二的情况下能战胜 D。惊人的是，D 也能在三分之二的情况下战胜 A。

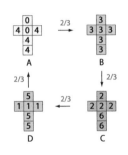

我们把这叫作"长度为 4 的非传递性链条"，并且如右图那样表达这些结果。

这很令人惊讶，但这个表面上的矛盾有一个简单的解释：我们错误地相信了"骰子 X 比骰子 Y 厉害"这个关系是有传递性的。一枚骰子有多厉害，不能用单一的参数来衡量，不像跑步运动员那样可以用速度来比较，也不像汽车那样可以用售价来比较。一枚骰子有多厉害，取决于每一次对决，依赖于另一枚骰子创造的环境。

骰子掷出的平均结果，也就是所有面的数字总和除以 6，本来可成为衡量骰子的唯一参数，然而它不是。实际上，对于之前的骰子 A、B、C、D，平均值分别是 2.66、3、3.33 和 3。尽管骰子 A 的平均值比骰子 B 要小，却能在三分之二的情况下打败骰子 B！同样，骰子 B 的平均值比骰子 C 要小，但在两者的对决中占了上风（在这里，大于号表示前者能赢后者）：

A > ₂/₃ B > ₂/₃ C > ₂/₃ D > ₂/₃ A

2.66　　3　　3.33　　3　　2.66

在这里，不论是骰子的平均值还是别的整体参数，都无法完整地衡量骰子有多强。

1. 奇迹般的逆转

蒂姆·罗伊特提出了一个新的悖论：胜者的逆转。例如，当我们考虑骰子 $R_1 = [6, 3, 3, 3, 3, 3]$ 和 $R_2 = [5, 5, 5, 2, 2, 2]$ 时，就会有以下看似不可能的性质：如果每枚骰子只掷一次的话，那么 R_1 能以 7/12 的概率战胜 R_2，骰子 R_1 看上去更强；但如果掷两次，然后将 R_1 和 R_2 各自的点数加起来，那么这回胜利的就是 R_2，胜利概率是 765/1296，大概就是 0.5903。将占上风的骰子掷两次，就变成占下风了！实际上，罗伊特发现的悖论更加厉害。如果我们再考虑骰子 R_3 = [1, 4, 4, 4, 4, 4]，就会出现非传递性链条 $R_1 > R_2 > R_3 > R_1$；而如果掷两次的话，链条就完全反过来了，变成 $R_1 < R_2 < R_3 < R_1$。

■ 用悖论取胜

埃弗龙的骰子也许能帮你在朋友面前炫耀一把。你可以提出这样的游戏："这里有四枚骰子 A、B、C、D，每人各选一枚，我让你先选，然后我们一起掷 5 次骰子，看谁赢的轮数多。"

如果你的朋友选了骰子 A，那么你就选骰子 D，它比骰子 A 要强；如果他选的是骰子 B，那么你就选比它强的骰子 A，如此等等。非传递性链条可以保证你一定能选到比这位"冤大头"更强的骰子。

每一次掷骰子你都有三分之二的机会赢，如果五轮三胜的话，你赢的机会就是 79.01%。如果你觉得这样风险还是太大，那么可以提出一共玩 25 轮，而不是 5 轮，这样你就能在 95.84% 的情况下获胜。具体的计算就是，在你以 2/3 的机会赢下每一局的前提下，将在 25 轮中赢得 25 轮、24 轮、23 轮……一直到赢得 13 轮的概率全部加起来。二项分布告诉我们，在这种情况下，掷 n 轮骰子恰好赢 p 轮的概率是 $n!/((n-p)!p!)$ $(2/3)^p (1/3)^{n-p}$。我们从中就能得到之前所说的 79.01% 和 95.84%。

只有在你朋友没起疑心的情况下，你才能用埃弗龙骰子大获全胜。有一天，美国的亿万富翁沃伦·巴菲特就向美国微软公司创始人比尔·盖茨提出用埃弗龙骰子来打赌。当然，巴菲特请盖茨先选择骰子。盖茨起了疑心，仔细分析了那些骰子，然后建议巴菲特先选。没人知道他们打算押下多少赌注！

故事讲到这里，有点吊人胃口。我们用四枚骰子能取胜，那么三枚行不行？能不能避免在不同的面上写相同的数字？因为这样既不雅观又让人起疑。为了让玩家觉得骰子更漂亮、更放心，有没有可能做到三枚骰子各自面上数字之和都相同（从而平均值也相同）？

非传递性能让你百思不得其解！在体育运动中，A 队赢 B 队、B 队赢 C 队、C 队赢 A 队的事情并不少见。这不满足传递性（如果 a > b 并且 b > c，那么 a > c）。如果 A 队状态不好，对阵 C 队的时候打得很烂，那么这种事情就会发生。这种现象在数学中也经常出现，而且不能用"状态不好"来解释我们观察到的非传递性。尽管这一局和下一局之间的一切不变，但也会发生像"石头、剪刀、布"（图 a）这样的情况：剪刀赢布（因为剪刀能剪开布），布赢石头（因为布能包住石头），而石头赢剪刀（因为石头能砸烂剪刀）。

a

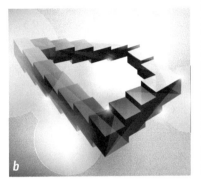

b

孔多塞悖论也很经典。假设有 60 位选民投票给三名候选人 A、B 和 C，其中有 23 位选民的排序是 A > B > C，17 位是 B > C > A，2 位是 B > A > C，10 位是 C > A > B，还有 8 位是 C > B > A。

这样的话，有 33 位选民觉得 A 比 B 好，不赞成的有 27 位；42 位选民觉得 B 比 C 好，不赞成的有 18 位；35 位选民觉得 C 比 A 好，不赞成的有 25 位。

选民表达出的偏好组成了非传递性链条：A > B > C > A。

埃弗龙的四枚骰子（见第 3 页）也以类似的形式组成了非传递性链条。

还有人发明了其他骰子游戏，比起孔多塞悖论或者埃舍尔那不断上升却又回归原点的不可能阶梯（图 b）来说，它们拥有更违反直觉的性质。

■ 三枚没那么可疑的骰子

答案是肯定的！在加博尔·塞凯伊 1986 年出版的一本书里（见参考文献），就出现了这样的三枚非传递性骰子的一个例子：A′ = [5, 7, 8, 9, 10, 18]，B′ = [2, 3, 4, 15, 16, 17]，C′ = [1, 6, 11, 12, 13, 14]。从 1 到 18 的每个数字都被用到且只用了一次。每枚骰子的数字总和都是 57，于是平均值就是 9.5。计算表明，骰子 A′ 在 36 种情况的 21 种（也就是所有情况的 7/12）之中能打败骰子 B′。骰子 B′ 对阵骰子 C′，还有骰子 C′对阵骰子 A′ 的结果也一样。尽管三枚骰子各不相同，但它们之间似乎有着完美的对称性：一来，每枚骰子的所有可能投掷结果平均都是 9.5；二来，每枚骰子打败下一枚的概率都是 7/12，输给上一枚的概率也是这样。这些骰子组成了一条长度为 3 的非传递性链条，就像"石头、剪刀、布"那样：

$$A' >_{7/12} B' >_{7/12} C' >_{7/12} A'$$

9.5　　9.5　　　9.5　　　9.5

　　然而新的矛盾又出现了，如果同时投掷三枚骰子的话，骰子 B′ 显然更好。实际上，一共有 216 种可能的结果，对这些结果的分析表明，骰子 B′ 在 90 种情况下大获全胜，而骰子 A′ 胜利的情况只有 63 种，骰子 C′ 也一样。这三枚骰子在独自投掷或者两枚对战时的平衡性，在一起投掷的时候就消失了！

🔼 颠倒的世界
这座像从天上掉下来的房子，是艺术家让－弗朗索瓦·富尔图在法国里尔展出的作品（*Fantastic*，为"里尔 3000"项目设计，2012）。

为了列出所有这样的三枚骰子的组合，加丁·布莱克在 2010 年进行了一项彻底的计算，发现对于寻找各自拥有相同平均值、以相同概率战胜彼此，并且从 1 到 18 的每个数字恰好用到一次的三枚非传递性骰子的组合这个问题，它的解答一共有 8 种。每种组合的胜利概率都不超过 7/12，而每个组合的三枚骰子一起投掷时胜率也不均衡。框 3 给出了这 8 种解答，还有它们三枚一起投掷时各自的胜率（胜利的情况数）。

---

3. **8组平衡的三枚套骰子**

$[5, 7, 8, 9, 10, 18]_{63}$　　　　$[1, 7, 10, 12, 13, 14]_{63}$
$[2, 3, 4, 15, 16, 17]_{90}$　　　　$[2, 3, 4, 15, 16, 17]_{90}$
$[1, 6, 11, 12, 13, 14]_{63}$　　　　$[5, 6, 8, 9, 11, 18]_{63}$

$[1, 2, 9, 14, 15, 16]_{81}$　　　　$[1, 8, 9, 12, 13, 14]_{63}$
$[3, 4, 5, 10, 17, 18]_{81}$　　　　$[2, 3, 4, 15, 16, 17]_{90}$
$[6, 7, 8, 11, 12, 13]_{54}$　　　　$[5, 6, 7, 10, 11, 18]_{63}$

$[1, 2, 11, 12, 13, 18]_{81}$　　　　$[1, 8, 10, 11, 13, 14]_{63}$
$[3, 4, 5, 14, 15, 16]_{75}$　　　　$[2, 3, 4, 15, 16, 17]_{90}$
$[6, 7, 8, 9, 10, 17]_{60}$　　　　$[5, 6, 7, 9, 12, 18]_{63}$

$[1, 6, 7, 8, 17, 18]_{81}$　　　　$[1, 9, 10, 11, 12, 14]_{63}$
$[2, 9, 10, 11, 12, 13]_{60}$　　　　$[2, 3, 4, 15, 16, 17]_{90}$
$[3, 4, 5, 14, 15, 16]_{75}$　　　　$[5, 6, 7, 8, 13, 18]_{63}$

■ 最大胜率

　　四枚骰子能达到 2/3 的胜率，三枚骰子能达到 7/12 的胜率（不需要加上从 1 到 18 的数字全部各用一次的限制），有没有可能做得更好？如果我们能使用更多的骰子，每枚骰子可以超过六个面，那么我们所知的最大可能优势又是什么呢？

奇怪的是，所有这些一般性问题的答案早已出现在扎尔曼·乌西斯金于 1964 年发表的一篇文章中，而那时埃弗龙的骰子还没有扬名天下。这篇文章的框架更为广泛，但也包括了多枚骰子的游戏。对于三枚骰子来说，最大胜率只能达到黄金分割常数 φ 的倒数 $1/\varphi = (\sqrt{5} - 1)/2 = 0.6180...$。对于四枚骰子来说，可能的最大胜率是 $2/3 = 0.6666...$（埃弗龙的骰子达到了这个胜率）。对于五枚骰子来说，胜率不超过 0.692，这是方程 $b^3 + 3b^2 - 4b + 1 = 0$ 的解。

乌西斯金解释了如何对超过五枚的骰子进行计算，并证明了当非传递性链条中骰子数目增加时，每枚骰子相比下一枚的优势可以任意接近 3/4，但永远达不到这个数值。

在 1994 年，理查德·萨维奇证明了一个关于三枚非传递性骰子的漂亮结论，其中也牵涉到了黄金分割。萨维奇研究的是有 n 个面的骰子，限定了每个面的数字都在 1 和 $3n$ 之间，而且每个数字都恰好用到一次，就像骰子 A′、B′ 和 C′ 那样。萨维奇计算了一枚骰子能战胜下一枚的最低胜率 M，然后想办法让这个最小值取到最大的可能值，这样的话，当玩家提出类似巴菲特和盖茨之间的那个用三枚骰子进行的赌局时，就能获得最大的收益。萨维奇证明了，如果取用拥有很多个面的骰子的话，那么我们可以任意接近 $1/\varphi$ 这个极限，其中 $\varphi = 1.618...$ 是黄金分割常数，而乌西斯金证明了这个极限是不可逾越的（同时要满足从 1 到 $3n$ 每个数都恰好用一次的限制）。于是，我们能继续提升六面骰子的最优值 $7/12 = 0.5833...$，不断接近 $1/\varphi = 0.61833...$，想要多近就有多近，前提是要用一组超过六面的骰子。

还有个值得一提的一般性结论。马克·芬克尔斯坦和爱德华·索普曾经研究了所谓的"可接受"骰子。如果一枚 n 面的骰子，每个面上的数字都在 1 和 n 之间（同一个数字可以多次出现，也不要求所有数字都出现），而且所有面上的数字之和跟面上写有 $1, 2, 3, \cdots, n$ 的标准 n 面骰子相同（也就是 $n(n+1)/2$），那么它就是可接受的。芬克尔斯坦和索普的美妙定理断言，如果 n 大于 3，那么对于任意可接受 n 面骰子，只要不同于标准 n 面骰子，都存在能打败它的另一枚可接受 n 面骰子；另外，标准 n 面骰子与任意一枚可接受 n 面骰子都不分胜负。这个定理的推论之一，就是对于所有 $n > 3$ 的情况，都存在由可接受 n 面骰子组成的非传递性链条。

对于 $n = 4$（也就是正四面体骰子），除了标准骰子 [1, 2, 3, 4] 以外，只存在四种可接受骰子：$F_1 = [3, 3, 2, 2]$、$F_2 = [4, 2, 2, 2]$、$F_3 = [4, 4, 1, 1]$、$F_4 = [3, 3, 3, 1]$。它们对战的结果是：

$$F_1 >_{6/10} F_2 >_{8/14} F_3 >_{8/14} F_4 >_{6/10} F_1;$$

$$F_4 >_{9/16} F_2 >_{8/14} F_3 >_{8/14} F_4; \quad F_3 \approx F_1$$

在这个极端情况下，只存在两条非传递性链条：第一条的长度是 4，由 F_1、F_2、F_3、F_4 组成；另一条的长度是 3，由 F_2、F_3、F_4 组成。

我们可能会以为，那 8 组 A′、B′、C′ 的三枚骰子，或者由三枚或四枚可接受四面体骰子组成的非传递性链条，就已经是这种矛盾美感的顶点了。没这回事，蒂姆·罗伊特在 2002 年给出了一组三枚骰子 $R_1 = [6, 3, 3, 3, 3, 3]$、$R_2 = [5, 5, 5, 2, 2, 2]$、$R_3 = [1, 4, 4, 4, 4, 4]$，让之前的悖论更迷离。我们将会看到，这组骰子除了组成了非传递性链条以外，对于打赌还有个出人意料的有趣性质，恐怕连盖茨都料不到。

4. 可接受骰子

等概率的五面骰子不存在，但取 1 枚等概率的十面骰子（比如将两个底为正五边形的锥体底靠底粘在一起），然后每个面上的数字都成对出现的话，就相当于 1 枚等概率的五面骰子。有 12 种可接受五面骰子。根据定义，可接受骰子所有面的数字之和应该跟标准五面骰子一样，也就是 $1 + 2 + 3 + 4 + 5 = 15$，而且每个面都只用到从 1 到 5 的整数。对于可接受骰子，六个面的有 32 种，七个面的有 94 种，而八个面的有 289 种。

下面的表格列出了所有 12 枚可接受五面骰子，用五角星表示：

$A_1 = [3, 3, 3, 3, 3]$，$A_2 = [4, 3, 3, 3, 2]$，
$A_3 = [4, 4, 3, 2, 2]$，$A_4 = [4, 4, 3, 3, 1]$，
$A_5 = [4, 4, 4, 2, 1]$，$A_6 = [5, 3, 3, 2, 2]$，
$A_7 = [5, 3, 3, 3, 1]$，$A_8 = [5, 4, 2, 2, 2]$，
$A_9 = [5, 4, 3, 2, 1]$，$A_{10} = [5, 4, 4, 1, 1]$，
$A_{11} = [5, 5, 2, 2, 1]$，$A_{12} = [5, 5, 3, 1, 1]$

这个表格在第 i 行和第 j 列的交点给出了 A_i 对 A_j 的取胜概率。我们能观察到几件有趣的事情：一、标准骰子（也就是骰子 A_9）跟所有其他可接受骰子都打成平手；二、每枚可接受骰子都会被另一枚打败；三、存在许多非传递性链条，

比如 $A_1 > A_8 > A_5 > A_1$ 或者 $A_{10} > A_4 > A_1 > A_8 > A_{10}$。

马克·芬克尔斯坦和爱德华·索普在 2006 年对 n 面可接受骰子进行的一般性研究表明，性质一、二和三对于所有 $n > 3$ 的情况都成立，所以作为推论，对于所有 $n > 3$，都存在由 n 面骰子组成的非传递性链条。

	A_1	A_2	A_3	A_4	A_5	A_6	A_7	A_8	A_9	A_{10}	A_{11}	A_{12}
	1/2	1/2	1/2	1/3	2/5	2/3	1/2	3/5	1/2	2/5	3/5	1/2
	1/2	1/2	1/2	7/17	3/7	10/17	1/2	4/7	1/2	10/23	13/23	1/2
	1/2	1/2	1/2	9/19	8/17	10/19	1/2	9/17	1/2	10/21	11/21	1/2
	2/3	10/17	10/19	1/2	4/9	4/7	5/9	12/23	1/2	8/19	1/2	10/21
	3/5	4/7	9/17	5/9	1/2	12/23	13/24	9/19	1/2	8/17	5/11	11/23
	1/3	7/17	9/19	3/7	11/23	1/2	4/9	5/9	1/2	1/2	11/19	11/21
	1/2	1/2	1/2	4/9	11/24	5/9	1/2	13/24	1/2	5/11	6/11	1/2
	2/5	3/7	8/17	11/24	10/19	4/9	11/24	1/2	1/2	6/11	9/17	12/23
	1/2	1/2	1/2	1/2	1/2	1/2	1/2	1/2	1/2	1/2	1/2	1/2
	3/5	13/23	11/21	11/19	9/17	1/2	6/11	5/11	1/2	1/2	3/7	9/19
	2/5	10/23	10/21	1/2	6/11	8/19	5/11	8/17	1/2	4/7	1/2	10/19
	1/2	1/2	1/2	11/21	12/23	10/21	1/2	11/23	1/2	10/19	9/19	1/2

5. 西歇尔曼的骰子

乔治·西歇尔曼是一位美国上校，他提出了一个奇怪的问题："是否存在两枚骰子，它们跟通常用的骰子（面上刻有数字 1、2、3、4、5 和 6）不同，但一起掷出的话，跟通常的骰子得到的数字和一样，而且概率也相同？"它得到 2 的概率应该是 1/36，3 的概率是 2/36，4 的概率是 3/36，5 的概率是 4/36，6 的

概率是 5/36，7 的概率是 6/36，8 的概率是
5/36，9 的概率是 4/36，10 的概率是 3/36，
11 的概率是 2/36，而 12 的概率是 1/36。

出人意料的是，西歇尔曼找到了这样的
两枚骰子：[1, 2, 2, 3, 3, 4] 和 [1, 3, 4, 5, 6, 8]。
用旁边的表格，我们可以验证所有 36 种数
字和跟通常用的骰子完全一致。西歇尔曼的
解答对于六面骰子来说是唯一的，但也有人
推广了西歇尔曼骰子。

+	•	••	••	•••	•••	••••
•	2	3	3	4	4	5
••	4	5	5	6	6	7
••	5	6	6	7	7	8
••	6	7	7	8	8	9
•••	7	8	8	9	9	10
•••	9	10	10	11	11	12

■ 会翻转的赌局

之前的骰子确实组成了非传递的三枚组合：R_1 以 7/12 的概率战胜
R_2，R_2 以 7/12 的概率战胜 R_3，而 R_3 以 25/36 的概率战胜 R_1。这里还
没什么新东西。然而，它产生的一些现象如此不可思议，我也是在自
己写了个程序验证之后才接受的。如果每次对局每个骰子不是只掷一次
而是分别掷两次，然后将两次结果加起来的话，那么一切就都反过来
了：R_2 会以 765/1296 = 0.5902... 的概率战胜 R_1，R_3 打败 R_2 的概率也是
765/1296 = 0.5902...，R_1 打败 R_3 的概率则是 671/1296 = 0.5177...。这种
闻所未闻的性质再次表明，我们有关概率的直觉并不准确。这启发了另
一种"占朋友便宜"的方法，即使像盖茨那样聪明，对非传递性骰子略
有所闻，也一样有效。

你可以一开始向他展示这些骰子，他会仔细端详，发现这是个非传
递性链条。于是，如果你肯先选骰子的话，那么他就会愿意打赌。你接
受提议，先随意选一枚骰子。（最好是 R_2 或者 R_3，这样可以避免那个
0.5177... 的概率。）他会选择在非传递性链条中可以打败你的那枚骰子。

然后你向他提议赌注加倍，前提是要掷两次骰子，并比较得到的数
字之和（跟之前一样玩 25 盘）。他会和所有人一样，觉得掷两次只会提
高优势，于是就答应了。但事实上，现在占据优势的是你，而你会赢得
这场赌局（准确概率是 82.10%）。真不科学！

为什么非传递性链条会逆转过来呢？要理解为什么逆转会出现，我们来看最简单的两枚骰子：$R_1 = [6, 3, 3, 3, 3, 3]$ 和 $R_3 = [1, 4, 4, 4, 4, 4]$。

只掷一次的话，R_3 会赢 R_1，因为 4 能赢 3，而在 36 种情况中，这会出现 25 次。如果计算 R_1 两个面的和，还有 R_3 的情况的话，那么：

❑ R_1：$6 + 3 = 9$，共 10 种情况；$3 + 3 = 6$，共 25 种情况；$6 + 6 = 12$，共 1 种情况。

❑ R_3：$1 + 1 = 2$，共 1 种情况；$4 + 4 = 8$，共 25 种情况；$1 + 4 = 5$，共 10 种情况。

如果 R_1 和 R_3 分别掷两次的话，那么一共有 $1296 = 36 \times 36$ 种可能的情况。只有在掷出一共 8 点的时候，骰子 R_3 才有机会赢。在这种情况下，只有 R_1 掷两次一共得到 6，R_3 才真正胜利。于是，在掷两次的比赛中，骰子 R_3 在 $36 \times 36 = 1296$ 种情况中，只有 $25 \times 25 = 625$ 种情况会获得胜利。这还占不到所有情况的一半，所以掷两次的话 R_3 会输给 R_1。逆转是有可能的，这已经出现在我们眼前了！

我们试试用几句话来解释这一点。只掷一次的时候，骰子 R_3 能胜过 R_1，但总而言之它赢得不多，只是用 4 点打败 3 点。于是，当我们考虑骰子 R_3 两个面的和（2、8 或者 5）时，它们比起骰子 R_1 两个面的和（9、6 或者 12）可逊色不少，这也是为什么在比赛掷两次时，骰子 R_3 会落败。

如果每枚骰子不是掷两次，而是掷三次的话，那么 R_2 能赢 R_1，R_3 能赢 R_2，而 R_3 也能赢 R_1。这回骰子 R_3 占尽上风，也不存在非传递性链条了，选 R_3 的人总会有优势。这很奇怪，因为如果我们直接拿三枚骰子同时比赛的话（同时投掷三枚骰子），那么得到的胜率之比是 $51 : 90 : 75$，最厉害的是 R_2！

■ 一对二

为了概括埃弗龙骰子的这些矛盾重重的变体，我们来看看奥斯卡·范德芬特的七枚骰子，用它们可以同时对阵两位对手：

$G_1 = [7, 7, 10, 10, 16, 16]$，

$G_2 = [5, 5, 13, 13, 15, 15]$，

$G_3 = [3, 3, 9, 9, 21, 21]$,
$G_4 = [1, 1, 12, 12, 20, 20]$,
$G_5 = [6, 6, 8, 8, 19, 19]$,
$G_6 = [4, 4, 11, 11, 18, 18]$,
$G_7 = [2, 2, 14, 14, 17, 17]$

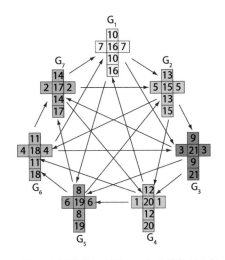

每枚骰子面上数字之和都是 66，也就是平均 11 点。在每场对决中，优势方的胜率都是 20/36 = 5/9。观察这幅图就会发现，在七枚骰子中任意选择一对，总会有第三枚骰子可以同时战胜它们。

○ 荷兰游戏发明家奥斯卡·范德芬特的七枚骰子

箭头的指向表示两枚骰子对决时谁胜谁负，比如 G_1 能战胜 G_2。

这样，你就能同时向两位朋友提出如下的赌局。让第一位朋友先选择一枚骰子，然后轮到第二位选。最后轮到你，你就可以选择能同时胜过你朋友选择的两枚骰子的那枚。然后，你可以跟第一位朋友先来一局（比如说玩 25 轮）。这场对你有利，你在大部分情况下会赢。然后不要换骰子，再跟第二位朋友来一局（还是玩 25 轮）。

运气会又一次站在你那边！

但要注意，无论赌局对你有利，还是运气站在你这边，都不意味着你能百分之百获得胜利，只是你赢的情况会超过半数。在这里，计算表明，拥有 5/9 的优势玩 25 轮的话，你会在 71% 的情况下胜利。如果你想赢得更稳妥，那么可以提出轮数更多的对决。

第 2 章

怎么玩一手完美的扑克

既有随机成分，玩家又只知道不完整的信息，这就是两人德州扑克的难题。这个难题已经被解决了：人们提出了一个不可能被打败的策略。

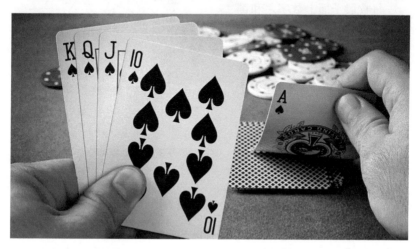

要用计算机解决双人游戏有两种方法：要么编写一个程序，让它能打败所有人类对手，这种做法不一定一劳永逸，因为人类玩家有可能迎头赶上，这就是"弱解决"；要么编写一个以最优策略运作、从而不能被打败的程序，这就是"强解决"。

对于国际象棋来说，我们已经完成了弱解决：自从 1997 年加里·卡斯帕罗夫与计算机深蓝（Deep Blue）的著名对局以后，机器就一直比所有人类选手都强大，在今天，人类选手已经绝无可能逆转局势。但由于游戏局面的大量组合（据计算，大概有 10^{120} 种可能的对局），大部分专家认为我们不可能在可预见的将来完成强解决。有些游戏编程的专家，比如说法国的西蒙·维耶诺和朱利安·勒穆瓦纳，也就是最优秀的萌芽游戏[①]程序的缔造者，则认为简化双方决策树的方法，即他们

[①] 萌芽游戏（Sprouts）是一种纸笔游戏，双方开始前先在纸上画上一定数量的点，然后双方交替，每次画上一条线连接任意两点，然后在线上画上一点。但画线时，每个点最多只能引出三个线头，而且画出的线不能跟别的线或者自身相交，但可以是任意的直线或者曲线。——译者注

做出贡献并完善的方法，也许在大约 20 年后能用于得出国际象棋的最优策略，即完成强解决。马克西姆·瓦西耶-拉格拉夫，自菲利多尔（1726—1795）后最优秀的法国棋手，认为最优策略会导致平局。

对于英国跳棋来说（跟法国跳棋很相似，但它用的是 8 × 8 的棋盘），加拿大阿尔伯塔大学的乔纳森·谢弗团队开发的 Chinook 程序从 2007 年开始就提出了强解决方法。这个程序还由此证明了先手至少也能打成平局：如果 Chinook 的对手犯错的话，那么 Chinook 就能赢；如果对手完美应对的话，那么就会打成平局（见第 5 章）。对于围棋来说，2016 年 AlphaGo 已经完成了弱解决。

上面提到的游戏都是所谓的完全信息游戏：玩家没有隐藏任何信息，游戏中也没有随机性。纸牌游戏（勃洛特[①]、扑克之类）的性质就完全不同：一来，在发牌的时候就有随机因素，我们拿到的牌可好可坏，攥着一手坏牌基本上就赢不了；二来，有关牌如何分配的信息，每个玩家都只知道一部分，而且不知道对手拿到了什么牌。但我们还是可以讨论这类游戏的弱解决和强解决。如果一个程序能在足够多轮（足以平衡运气好坏）的游戏中打败所有人类玩家，那么它就完成了游戏的弱解决。如果一个程序再没有改进的余地，也就是说对于任意在想象范围内的玩家，如果它在轮数足够多的游戏中都能胜利或者打个平手的话，那么它就完成了强解决。2015 年 1 月，加拿大阿尔伯塔大学迈克尔·鲍林领导的研究团队发表了一篇论文，讲述了如何强解决一种人类玩家众多的扑克变种：一对一限注德州扑克（Heads up limit Hold'em，以下简称 HULHE 扑克）。这是德州扑克的一个变种，只有两名玩家，对下注也有限制（见框 1）。

---

1. 德州扑克

《007：大战皇家赌场》让德州扑克大受欢迎。在电影里，詹姆斯·邦德用一手同花顺（黑桃 45678）打败了对手的葫芦（三条 A 和一对 6）。在德州扑克每一局开始时，每位玩家都会接到两张只有自己能看到的底牌，然后会有五张牌逐渐被发到牌桌上。

---

① 勃洛特（belote）是法国流行的牌类游戏，只用 32 张牌，跟桥牌有相通之处，但要简单得多。——译者注

首先发三张牌（"翻牌"），然后发一张牌（"转牌"），最后发一张牌（"河牌"）。每位玩家用手里底牌的两张或一张，或者一张不用，与台上五张牌中的一部分凑成一手一共五张的牌，而且要组成最强大的牌组（从弱到强是一对、两对、三条、顺子、同花、葫芦、四条、同花顺、同花大顺）。游戏开始时的强制下注构成了彩池；然后，在牌桌上的公用牌逐步被翻开时，玩家可以放弃（就此输掉之前下的注）、跟注或者加注；在加注完毕后，没有退出的玩家亮出各自的底牌（"斗牌"），谁的组合最强，谁就赢得整个彩池；在平手的情况下，彩池也会被平分。

在加注阶段用到的术语如下。

- 盖牌（fold）：认输并放弃已下的注。
- 跟牌（call）：追加下注，使得总下注与台面最大的下注相等，这样才能留在牌局中。
- 加注（raise）：追加下注，使得总下注超出其他玩家的下注，其他玩家只能盖牌、跟牌或者加注。

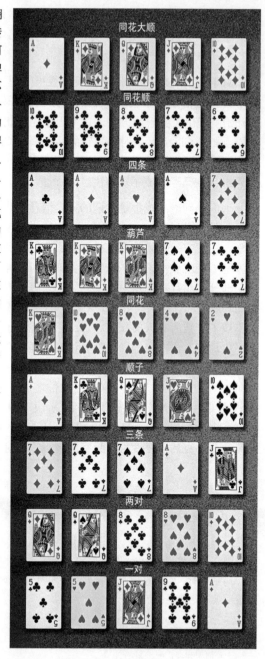

同花大顺

同花顺

四条

葫芦

同花

顺子

三条

两对

一对

❑ 全下（all-in）：将手头所有筹码用于追加下注；在限注德州扑克中，开局就限定了每位玩家能下注的最大数目。

德州扑克有很大的运气成分，但有关扑克的电影让人印象深刻的通常是那些赌桌英雄的推断能力、控制表情以免泄露天机的能力和夸张演技。在所有电影中，双方的最后一手都强得不像话。

■ 弱解决

一般认为，Polaris 程序在 2008 年就已经得到了 HULHE 扑克的弱解决方法。这个程序主要由布拉德利·约翰松编写，他来自加拿大阿尔伯塔大学。实际上，Polaris 与六位专业牌手进行了对战，赢了其中三位，负于另外两位，还与一位打平。每一场对战都由 500 盘复式对局组成：每种发牌方式都会通过对换玩家打两次。这种方法可以在玩家之间建立完美的对称性，于是，每个人都没有理由说自己是运气不好的受害者。人们只花了七年，就从 HULHE 扑克的弱解决走到了强解决。尤其，这段时间与国际象棋的研究历程相比并不长。即使最乐观的专家也认为，国际象棋需要至少四十年才能从第一步走到第二步。对于扑克类游戏来说，由于每位玩家的信息不完全，再加上随机因素，使得最优策略并不是确定性的规则（如果你拿着 J，桌子上掀开的牌有一张 Q，而对手刚刚加注的话，那么你就应该跟上），而是概率性的规则（如果你拿着 J，桌子上掀开的牌有一张 Q，而对手刚刚加注的话，那么你应该在 20% 的情况下跟注，在 80% 的情况下放弃）。

2. 完美策略，还是自适应策略？

人们用数学方法和计算机计算了能给出 HULHE 扑克最优策略的纳什均衡点，并在 2015 年开发了游戏程序 Cepheus。不论面对什么样的对手，在大量对局之后，这个程序都不会落后。然而，这个游戏程序并没有考虑怎么适应对手的特殊风格，所以不能一直最大程度地利用对手的弱点。

另一个同样在加拿大阿尔伯塔大学开发的程序 Polaris，在开发时，它的目标就包含了适应对手。它不像其他扑克程序那样尝试为对方玩家建立模型，因为只有在知道大量连续对局之后，这样的模型才有效。Polaris 采用的原则是，先定义一系列有限的相当不错的游戏策略（利用了不同的简化游戏版本中计算出来的纳什均衡），然后在与对手完成一些对局之后，比较这些策略的得失。在玩了 50 局、足够进行比较之后，程序会比较这些策略用在 50 局上的效果，以此在策略列表中进行选择，而这个选择能更好地利用对局玩家的特点。

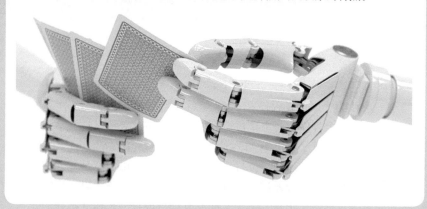

　　对游戏中出现的每个情况确定适当的概率，是一件很棘手的事，比起局面数目相同而没有随机性的完全信息游戏，需要我们进行更多的计算。对于 HULHE 扑克来说，局面的数目也很庞大。在去除对称性之后，数目是 3.19×10^{14}，这样我们就明白了为什么这种基础的扑克游戏（与下注无限制的多人游戏相比）这么难解决了。这是人们首次强解决一个在现实中玩家众多、拥有随机因素而玩家又只拥有关于自己手牌信息的游戏。

　　说实话，HULHE 扑克的强解决只是"几乎"解决：对于迈克尔·鲍林的团队计算出的随机游戏策略来说，任何玩家如果在人类能承受的时间内与这个程序对局，几乎无法取得明确的胜利。准确的结果是，如果玩家每小时玩 200 局、每天玩 12 个小时、玩够 70 年，那么玩家有95% 的可能性看不出鲍林团队计算出来的"几乎"完美的策略与真正完美的策略之间的差异。

另外，在某种意义上，完美的随机策略也是无法计算的，因为这种计算需要以无限精度确定大量实数值（策略中与每个局面相关的概率）。因此，计算出来的值和数学上的完美解之间的微小差异无关紧要，如果我们认为"几乎"完美的解答就是 HULHE 扑克的强解答，也不算出格。

计算这个解答还附带得到了一个结果，在 HULHE 扑克中，庄家（发牌的一方）比对手稍占优势：长远来说，如果总是由同一位玩家发牌的话，那么他一定能赢钱。这也符合职业玩家长期以来的猜测：谁先叫牌谁不利。

■ 海量计算

无论是利用数学还是计算机分析一个游戏都是繁重的工作。最近，许多研究扑克游戏的团队为了获得进展而引入了关键的新方法，尤其是一种可以计算不同游戏规则下最优策略的方法，它成形至今还不到十年。

这个方法叫 CFR 算法，CFR 是 Counterfactual Regret Minimization 的缩写，意为"反事实遗憾最小化"。它的主要想法是让程序与自身对局，然后根据模拟对局的胜负改变在每个决策点进行不同选择的概率。自 2007 年被引入之后，这种算法开始研究决策点越来越多的游戏。在 2012 年，人们终于能处理拥有 3.8×10^{10} 种局面的简化扑克游戏，为计算现实中 HULHE 扑克游戏打开了一扇大门 ——HULHE 扑克的局面数目是上述数目的大约 10 000 倍。

正如证明 16 个提示数字不可能保证 9×9 数独有唯一解（见第 6 章）所需的计算一样，计算 HULHE 扑克的局面也达到了现在可行技术的可能极限。要确定几乎完美的策略，迈克尔·鲍林的团队在一个拥有 200 台机器的网络上进行了计算，其中每台机器拥有 32 GB（32 千兆字节，每个字节 8 比特）的内存，还有一个 1 TB（太字节）的硬盘。整个游戏被分成了 110 565 个子游戏。CFR 算法的每次迭代需要 61 分钟，计算所需的 1579 次迭代在这组设备上一共运行了两个月，整个计算量相当于一台单核计算机运行了 900 年。

职业玩家提出了几个关于这个游戏的问题，比如说，在某些情况下虚张声势有没有意义？这些问题都可以通过查看计算结果来解决。于是，即使是职业玩家，也能从这样的研究中得到宝贵的信息。

在计算完成之后，名为 Cepheus 的最优策略很快就能被应用到实战中。

为了了解研究人员的工作，我们再来看看含有随机性的不完全信息游戏中的最优策略到底是什么。想要理解这类游戏，就要进行一些分析，也就是约翰·冯·诺依曼与奥斯卡·莫根施特恩在 1944 年合著的《博弈论与经济行为》（*Theory of Games and Economic Behavior*）一书中讲述的那类分析。经过约翰·纳什（他为此获得了 1994 年的诺贝尔经济学奖）等人的完善之后，博弈论在合适的情况下能用来定义和计算最优的概率性策略，也叫作混合策略。我们首先来看看"石头、剪刀、布"这个游戏：两位玩家都在同一时刻选择石头、剪刀或者布。石头能赢剪刀，布能打败石头，而剪刀能胜过布（见第 5 页）。对于玩家来说，玩这个游戏的最优策略肯定不是一直选石头（或者剪刀，又或者布），因为如果这样的话，那么觉察到这个策略的对手就能赢下每一盘：他会一直选择出布（或者相应地出石头或剪刀）。计算表明（在这里考虑对称性，大大简化了计算），玩家的最优策略是随机以 1/3 的概率出剪刀，以 1/3 的概率出石头，以 1/3 的概率出布。在这个策略下，你的对手永远不可能打败你。如果他也采取相同策略，且不计统计波动的话，那么结果就是势均力敌。

举一个更接近 HULHE 扑克的例子，即只有三张牌的 AKQ 扑克游戏。

3. 三张牌的 AKQ 扑克的最优策略

仅有三张牌的 AKQ 扑克证明了，虚张声势有时是有用的，这并不是心理策略，而是博弈论的结果。在这种三张牌的扑克中有两位玩家（A 和 B），三张牌分别记作 1 号、2 号和 3 号，相当于扑克中的 Q、K 和 A（见下页图），这也是扑克名称的由来。3 号牌能赢 2 号牌和 1 号牌，而 2 号牌能赢 1 号牌。在牌局开始时，每位玩家都下注 1 欧元，这就构成了 2 欧元的彩池。然后给每位玩家发一张牌，而玩家查看各自的牌，玩家 A 决定是否加注 1 欧元。如果玩家 A

不加注，那么玩家 B 就赢得了彩池（也就赢了 1 欧元）。如果玩家 A 加注，那么就轮到玩家 B 决定是否加注另外 1 欧元。如果玩家 B 不加注，那么玩家 A 就赢得了彩池（也就赢了 1 欧元）。如果玩家 B 加注，那么现在彩池里就有 4 欧元，然后玩家们亮出底牌，谁的牌更大，谁就赢得彩池。

游戏的分析

玩家 A（还有玩家 B）要做的唯一决定，就是根据自己的底牌决定是否加注。对于 A 来说，有三种情况 A_1、A_2 和 A_3，取决于他接到的牌是 1 号、2 号还是 3 号。对于 B 来说，同样有三种情况 B_1、B_2 和 B_3。所有可能的局面就是：A_1/B_2、A_1/B_3、A_2/B_1、A_2/B_3、A_3/B_1 和 A_3/B_2。

有些决定是显然的。在 A_3 的情况下，A 会选择加注（因为他肯定赢）；在 B_1 的情况下，B 不会加注（因为他肯定输）；在 B_3 的情况下，B 会选择加注（因为他肯定赢）；在 A_2 的情况下，玩家 A 或许应该加注。实际上，在 A 加注的情况下，如果玩家 B 拿着 1 号牌，则 B 不会加注，而 A 就赢 1 欧元；如果 B 拿着 3 号牌，那么 B 会加注，A 会输掉 2 欧元。于是，A 平均每次输掉 1/2 欧元；如果 A 不加注，那么每次会输 1 欧元，比 1/2 欧元要输得多。

现在剩下两种需要分析的情况。在 A_1 的情况下，玩家 A 应不应该加注来虚张声势？而在 B_2 的情况下，玩家 B 应不应该冒着输 2 欧元的危险来加注？这两个问题没有确定的答案，它们的解答需要用到冯·诺伊曼的混合策略：A 和 B 都应该选择以某个概率加注。设 p 为 A 在情况 A_1 下选择加注的最优概率，q 为 B 在情况 B_2 下选择加注的最优概率。博弈论告诉我们，在 A 和 B 的最优策略中，p 和 q 的值对应着一个"纳什均衡"，即这样一种情况：

- ❏ 如果 A 改变策略（也就是 p 的值），那么玩家 B 可以调整自己的策略（也就是 q 的值），使得 A 的收益减少（换句话说，A 改变策略也没有得益）；
- ❏ 将 A 和 B 交换，也满足上面的条件。

计算最优策略

要计算"纳什均衡"，我们考虑在 p 和 q 的值固定时，A 和 B 的平均收益（见右表）。

A 的收益	A_1/B_2		A_1/B_3	A_2/B_1
	$-2pq+p(1-q)-(1-p)$		$-2p-(1-p)$	1
	A_2/B_3	A_3/B_1		A_3/B_2
	-2	1		$2q+(1-q)$

举个例子，我们来解释一下 $-2pq + p(1-q) - (1-p)$ 这个式子，它对应的是在 A 拿着 1 号牌而 B 拿着 2 号牌时 A 的收益。如果 A 虚张声势，而 B 跟注的话（概率是 pq），那么 A 就输掉 2 欧元（这就是 $-2pq$ 的来源）；如果 A 虚张声势，而 B 没有跟注的话（概率是 $p(1-q)$），A 就赢了 1 欧元（$+p(1-q)$ 就是这么来的）；如果 A 没有虚张声势（概率是 $(1-p)$），那么 A 会输掉一欧元（对应 $-(1-p)$ 这一项）。

A 的平均收益作为 p 和 q 的函数（假设发牌是公平的），可以通过将所有可能对局中的收益加起来再除以 6（因为每种对局发生的可能性相等）得到。

我们得到：

A 的收益 $(p, q) = -(p - 1/3)(q - 1/3)/2 - 1/9 = -$B 的收益 (p, q)

通过计算，只需要检查那些 A 的收益对 p 和对 q 的导数都为零的点，就能得到给出 A 和 B 最优策略的纳什均衡。在这样的点上，如果 A 改变 p 的值，那么 B 可以调整 q 的值来提高收益，反过来说也一样。如果两位玩家谨慎行事的话，那么他们都没有动机去改变自己的选择（A 的话是 p，B 的话是 q）。

导数的计算给出的是：

∂(A 的收益 $)/\partial p = (-q + 1/3)/2 = 0$，所以 $q = 1/3$；

∂(B 的收益 $)/\partial q = (-p + 1/3)/2 = 0$，所以 $p = 1/3$。

在这个点上，$p = q = 1/3$，而 A 的收益 $= -1/9$，这就说明在这种微型扑克中，谁先叫牌（也就是 A），谁就会平均每局输掉 1/9 欧元。

关于这种微型扑克的更多细节，可以参看比尔·陈和杰罗德·安肯曼在 2013 年由出版社 Micro-Application 发行的书《高等扑克数学》（*Poker Maths Sup*）。

随机性似乎在扑克游戏中扮演了重要的角色，有时我们也会认为没有"优秀"的玩家，只有"运气好"的玩家。擅长玩扑克的人却持相反的观点：聪明的玩法是存在的。然而也有别的玩法，如果坚持足够多局的话，那么你肯定会输。在某些禁止纯粹博彩游戏的国家中，这样的讨论对于是否允许在线扑克游戏有着实实在在的重要影响。法国的法律是这样定义博彩的："博彩即需要付款的游戏，其中为了赢取游戏所需的运气成分要远大于技巧成分以及综合智慧的成分。"法国的多项司法判决将扑克归入了博彩的范畴。但在 2013 年，图卢兹法院做出了相反的判决。最终，法国最高法院果断介入，仍将扑克认定为博彩。

但法国最高法院搞错了，多项科学研究表明，技术和智慧在扑克游戏中有着重要的地位。美国芝加哥大学的史蒂文·莱维特和托马斯·迈尔斯针对这个问题进行了一项决定性的研究（见参考文献）。

■AKQ 扑克的博弈论

在这个非常简单的游戏中，大部分情况很容易分析。如果玩家 A 拿到 3 号牌，那么他应该跟注，因为他不可能输。但有两种情况需要更精确的分析：如果玩家 A 拿到 1 号牌，那么他可能认为玩家 B 拿着 2 号牌，然后尝试加注来虚张声势；如果 A 加注了，而且 B 拿的是 2 号牌，那么 B 就会怀疑 A 到底在虚张声势，还是真的拿着 3 号牌，于是，B 不确定接下来要怎么做——加注还是放弃？

分析这个游戏（见框 3）得出的结论并不显然：当 A 拿着 1 号牌的时候，他应该随机在 1/3 的情况下加注（就像石头、剪刀、布那样）；当 B 拿着 2 号牌而 A 加注时，B 也应该随机在 1/3 的情况下加注。

这样玩的话，在一连串的游戏中，玩家有时作为 A、有时作为 B 来对局，平均来说不可能被打败。

这个混合策略是最优的，对应着所谓的"纳什均衡"。值得一提的是，博弈论提示玩家 A 在拿到 1 号牌的时候有时应该虚张声势。与我们所想的不同，这种做法并不是心理上的策略，而是一位优秀玩家从数学上仔细研究了游戏之后，所做出的完全理性的行为：博弈论告诉我们应该虚张声势，而且指示了应该以什么概率虚张声势。HULHE 扑克的情形也差不多，只是要复杂得多。

■ 真正的最优解？

在这里，我们要注意这类结果的一个微妙之处，特别是针对最优策略 Cepheus 的计算。如果一位玩家玩得很糟糕，总是重复同样的错误，那么对手有时候能观察到这一点，并尝试从中获利。在"石头、剪刀、布"游戏中，如果你的对手总是出石头，那么显然你一直出布的话就能大赢特赢。你用的不再是最优的概率性策略，而是冒着对手醒悟过来，然后利用你总是出布来赢你的风险，但如果对手坚持出石头的话，那么你一直出布肯定要比"最优"混合策略赢得更多。

真实情况可能会比这个更加复杂。对于"石头、剪刀、布"类的游戏，克劳德·香农和一个人工智能程序分别提出了不同的游戏策略，能以明显优势战胜人类玩家。这些程序会辨认出玩家策略的规律并加以利用，它们的策略当然不是博弈论中的最优策略，而是基于分析对手如何连续选择而提出的一种更精妙的方法。博弈论能让我们找到（在统计意义上）永远不会输的混合策略。这当然是好事，但我们可以做得更好。通过分析之前的对局，并采用自适应算法，我们能从对手可被察觉到的弱点中，占到尽可能多的便宜。

　　没有任何数学方法能定义并计算出，到底什么策略能尽可能快地利用能被辨认出的对手弱点。在现实的"石头、剪刀、布"游戏或扑克对局中，要想玩得好，就要有这方面的考虑。

　　先说清楚，如果坚持执行坏策略（也就是可以被分析并被利用的策略）的多名人类玩家，以循环赛形式对抗最近更新的最优策略 Cepheus，或者其他冒着风险利用玩家弱点的策略，那么 Cepheus 不一定会赢。换句话说，Cepheus 在双人对抗中不可能被任何人打败，但在一场多玩家参与并先后两两对决的比赛中，Cepheus 的平均收益很可能低于之前提到的 Polaris 等程序——后者的构想基础就是根据遇到对局者来自我调整（见框 2）。

　　当信息不完全而又有随机因素时，一切都变得复杂而微妙，面对各种试探性的方法和不断完善的人工智能，数学理论还没有找到能一锤定音的方法。

第 3 章

扑克牌的数学魔术

想要展现精彩的扑克魔术表演，你需要有一双灵巧的手，或者有关德布鲁因序列的知识。

魔术师拿出了一组 32 张扑克牌，将它交给一位观众检查，观众认为没有异常：这组牌既不是每张都一样，也没有明显的排列规律。在仔细观察之后，观众确认这是一组完整的牌[①]。然后，魔术师请一位观众切牌[②]，拿出最底下的一张牌，并将这叠牌传给右边的观众；后者同样拿出最底下的牌，然后传给自己右边的人，以此类推。当观众一共拿出 5 张牌之后，剩下的牌被放在桌上，谁也不许再碰。这时魔术师说，他接下来要进行多重的思想传输，请 5 位拿着牌的观众专注于手上的牌，不要被任何人看到，他会猜出这五张牌是什么。

魔术师闭上双眼，集中精神。过了几秒钟，他面有难色地说："我猜不到，有干扰，我们现在要将思想传输拆分一下，先来考虑黑色牌（黑桃或梅花）。你们当中拿着黑牌的人请站起来，重新将精神集中到手中的扑克牌上。"第一位和第三位观众站了起来，尝试用思想传输牌的映像。

十秒钟后，魔术师发话了："好了，这位先生，你手上的牌是黑桃 10，而另一位拿着的牌是梅花 A。另外，我现在能对之前收到的第一股精神流解码了，另外 3 张牌是红心 A、方块 8 和红心 9。"一张不差！5 位观众将选出的 5 张牌展示给所有观众，它们的确是 10♠、A♥、A♣、8♦、9♥。

当然，思想传输是不存在的。这个魔术是纯粹的数学魔术。你看出窍门了吗？

---

① 这里指的是法国常用（比如在勃洛特游戏中）的一组扑克，只有四种花色的 A、K、Q、J、10、9、8、7，共 32 张牌。——译者注
② 切牌指的是将牌分成两叠，然后将下面一叠放到上面一叠的上方。——译者注

■ 尼古拉斯·德布鲁因的序列

答案就在荷兰数学家尼古拉斯·霍弗特·德布鲁因（也叫迪克·德布鲁因）研究过的一个数学概念之中。这位数学家出生于 1918 年，于 2012 年逝世，他的研究工作主要关于图论、分析、非周期性镶嵌、自动定理证明的方法和今天被称为"德布鲁因序列"的数列，用这些序列就能解开上面介绍的奇妙的扑克魔术。

但这些序列和相关的图在数学和应用上的重要性远远超出了魔术领域，因为这些概念在生物信息学中也占有一席之地，在将脱氧核糖核酸（以下简称 DNA）测序仪分解出来的众多短小的遗传序列重新拼起来的时候，它们就能派上用场。

1. 魔术师的表格

如果你将 32 张一套的扑克牌按照 8♦ 9♥ K♥ 7♥ 10♣ Q♥ 9♦ J♠ J♥ 9♠ 7♣ Q♦ 10♥ 9♠ K♠ Q♣ K♠ 10♠ K♣ 8♥ A♦ 8♠ Q♠ 7♦ 7♠ A♠ 8♦ J♠ 10♠ A♥ A♣ 的顺序排好，那么对于连续的五张牌，只要知道它们的颜色（黑色或者红色），就能知道这些牌是什么。这就是文章中提到的魔术的关键所在。

这个表格能让我们实现这个魔术。根据黑色和红色组成的五元组（左列中的 32 种可能性），表格能告诉你它们代表的那五张牌。

黑黑黑黑黑	9♣	K♣	Q♣	K♠	10♠
黑黑黑黑红	K♣	Q♣	K♠	10♣	K♦
黑黑黑红黑	7♠	A♠	8♠	J♦	10♠
黑黑黑红红	Q♠	K♠	10♣	K♦	8♥
黑黑红黑黑	8♠	Q♣	7♦	7♠	A♠
黑黑红黑红	A♠	8♠	J♦	10♠	A♥
黑黑红红黑	9♣	7♣	Q♦	10♥	9♠
黑黑红红红	K♠	10♣	K♦	8♥	A♦
黑红黑黑黑	Q♠	7♦	7♠	A♠	8♣
黑红黑黑红	J♠	J♥	9♣	7♣	Q♦

黑红黑红黑	8♣	J♦	10♣	A♥	A♣
黑红黑红红	10♣	A♥	A♣	8♦	9♥
黑红红黑黑	7♣	Q♦	10♥	9♠	K♣
黑红红黑红	J♣	Q♥	9♦	J♠	J♥
黑红红红黑	10♣	K♦	8♥	A♠	8♠
黑红红红红	A♣	8♦	9♥	K♥	7♥
红黑黑黑黑	10♥	9♠	K♣	Q♣	K♠
红黑黑黑红	7♦	7♠	A♠	8♣	J♦
红黑黑红黑	A♦	8♠	Q♠	7♦	7♠
红黑黑红红	J♥	9♠	7♣	Q♦	10♥
红黑红黑黑	9♦	J♠	J♥	9♣	7♣
红黑红黑红	J♦	10♣	A♥	A♣	8♦
红黑红红黑	10♦	J♣	Q♥	9♦	J♠
红黑红红红	A♥	A♣	8♦	9♥	K♥
红红黑黑黑	Q♦	10♥	9♠	K♣	Q♣
红红黑黑红	8♥	A♦	8♠	Q♠	7♦
红红黑红黑	Q♥	9♦	J♠	J♥	9♣
红红黑红红	7♥	10♦	J♣	Q♥	9♦
红红红黑黑	K♦	8♥	A♦	8♠	Q♠
红红红黑红	K♥	7♥	10♦	J♣	Q♥
红红红红黑	9♥	K♥	7♥	10♦	J♣
红红红红红	8♦	9♥	K♥	7♥	10♦

2. 计算德布鲁因序列的算法

利用德布鲁因图的方法，我们能找到所有德布鲁因序列，甚至能算出它们有多少种。但有时候，我们只需要一个德布鲁因序列，所谓的"贪心算法"能帮助我们做到这一点。我们用 $n = 4$ 的例子解释这种方法。从 0000 开始；然后，如果在末尾加上 1 不会得到一个已经见过的四元组，那么就加上 1，否则就加上 0；重复这一步，也就是说，只有在没有选择的时候才在末尾加上 0。

这个方法的可行性并不显然，但实际上它的确可行（对于所有 n 都可行），而 M. A. 马丁在 1934 年就证明了这一点。

出发点：0000

在末尾加上 1：00001

在末尾加上 1：000011

在末尾加上 1：0000111

在末尾加上 1：00001111

在末尾加上 0：000011110（如果加上 1 会得到之前见过的四元组 1111）

在末尾加上 1：0000111101

在末尾加上 1：00001111011

在末尾加上 0：000011110110（如果加上 1 会得到之前见过的四元组 0111）

在末尾加上 0：0000111101100（如果加上 1 会得到之前见过的四元组 1101）

在末尾加上 1：00001111011001

在末尾加上 0：000011110110010（如果加上 1 会得到之前见过的四元组 0011）

在末尾加上 1：0000111101100101

这就给出了 4 阶的德布鲁因序列：0000111101100101

　　我们思考一下那个需要 5 位观众的扑克牌魔术。你大概已经发现了，整叠牌从来没有被洗过，只是被人检查过，然后第一位观众进行了切牌。5 位观众并没有独立选择这 5 张牌，而是选择了 5 张连续的牌，它们是由第一位观众的切牌决定的，当然，我们不知道他是怎么切牌的。

　　这个魔术的技巧让魔术师知道，5 位观众中分别由谁拿到了红牌或黑牌。拿到黑牌的观众有可能一位也没有，也有可能有一位、两位，等等。魔术师知道的不仅仅是人数，还有到底是谁拿到了黑牌，又是谁拿到了红牌。这里一共有 32 种可能性：第一位观众可能拿到红牌或黑牌（2 种情况），第二位观众同理（2 种情况），如此等等，最后一共有 2 × 2 × 2 × 2 × 2 = 32 种不同的情况。下面就是这些情况的列表：

黑黑黑黑黑 – 黑黑黑黑红 – 黑黑黑红黑 – 黑黑黑红红 –
黑黑红黑黑 – 黑黑红黑红 – 黑黑红红黑 – 黑黑红红红 –
黑红黑黑黑 – 黑红黑黑红 – 黑红黑红黑 – 黑红黑红红 –
黑红红黑黑 – 黑红红黑红 – 黑红红红黑 – 黑红红红红 –
红黑黑黑黑 – 红黑黑黑红 – 红黑黑红黑 – 红黑黑红红 –
红黑红黑黑 – 红黑红黑红 – 红黑红红黑 – 红黑红红红 –
红红黑黑黑 – 红红黑黑红 – 红红黑红黑 – 红红黑红红 –
红红红黑黑 – 红红红黑红 – 红红红红黑 – 红红红红红

借着花言巧语，魔术师知道了 32 种五元组中到底哪个是正确的（上面以粗体表示）。魔术用到的这套 32 张扑克牌，预先按照特定的顺序排好（后文会细说），我们有 32 种方法对这 32 张牌进行切牌。魔术师不知道切牌的具体位置，而这就是他需要得知的信息。简单来说，魔术师在表演魔术的过程中，得到了在 32 个元素中出现了哪一个元素的信息（相当于 5 比特的信息），这正是他要弄清第一位观众的切牌位置所需的信息。

从信息量来说，这不算什么奇迹：他需要 5 比特的信息（切牌的位置），也得到了 5 比特的信息。剩下的就是要知道具体怎么做才能用收到的 5 比特信息确定切牌位置。现在问题在于，要找到 32 张牌的一个次序，使得魔术师只要知道 5 张连续的牌的花色（红色或者黑色），就一定能知道这 5 张牌是什么，也就是第一位观众的切牌位置。

这等价于下面的问题：找出一个由 32 个符号"黑"和"红"组成的序列，其中有 16 个黑、16 个红，而且在序列中取出 5 个连续元素的 32 种方法各不相同，正好对应用 5 个黑或红符号组成序列的 32 种方法。需要注意的是，当说到连续的扑克牌时，这里指的是在取出一叠牌中的最后一张牌之后，自然要回到第一张牌，所以，第 30、第 31、第 32、第 1 和第 2 张牌就相当于五张连续的扑克牌。

这个问题的解答之一就是红红红红红黑红红黑红黑黑红红黑黑黑黑黑红红红黑黑红黑黑黑红黑红黑。这样一串 32 个符号也叫 5 阶德布鲁因序列。在 1946 年，尼古拉斯·德布鲁因正是在寻找和研究这样的序列，当时他正在解决另一位数学家此前提出的一个猜想。

3. 二维的德布鲁因序列问题

在二维的情况中，德布鲁因序列就变成了"德布鲁因环面"。对于 $n = 2$，由 0 和 1 组成的 2×2 方阵一共有 16 种（图 a）。

现在的问题就是，有没有办法在 4×4 的方阵中填入 0 和 1，使得在将它看成环面（将顶部和底部、左边和右边分别粘在一起）的时候，只要考虑 2×2 大小的滑动窗口的所有 16 种位置，就能找到上面列出的 16 种 2×2 方阵？图 b 给出了一种解答。

如果我们考虑的不是 2 种，而是 4 种符号的话，那么 2 × 2 的方阵就会一共有 4^4 = 256 种可能性，而我们（至多）可以指望用由 16 × 16 方阵构成的环面，通过滑动窗口的方式得到在 4 种符号的情况下所有可能的 2 × 2 方阵。图 c 用颜色给出了一种解答。

如果我们填入的不是四种颜色，而是用四种将正方形沿对角线分割再涂上黑白色的方法，那么我们就得到了一个有趣的抽象图（图 d）。

这样的曲面密铺有现实应用的意义。在一个画满这种图案的房间中，机器人仅凭观察脚下的四个方格，再利用一个合适的表格（就像魔术师偷偷用的表格那样），就能知道自身的确切位置。

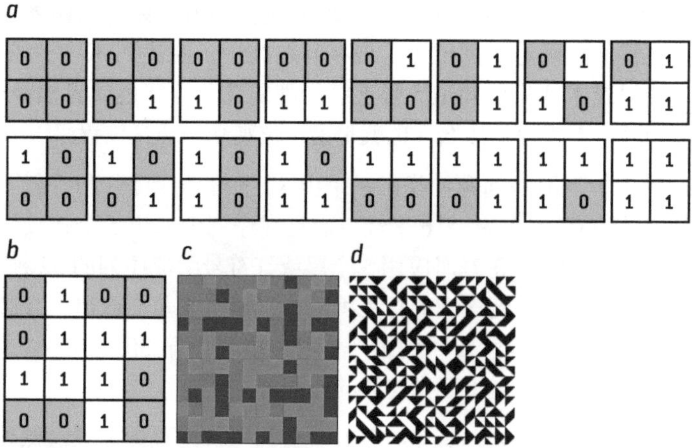

a

b   *c*   *d*

用 2^n 张牌玩魔术

我们一会儿再解释怎样才能找到这些序列。我们先研究一般的情况，其中观众不止 5 名，而是有 *n* 名，用到的牌组一共有 2^n 张牌。

我们先检查之前提到的序列（见框 1）是否正确：如果取出 5 个连续符号（一共有 32 种方法），那么我们能得到之前枚举过的 32 种五元组，每种恰好出现一次。在研究如何得到这样的 32 个黑和红符号的序列之前，我们先来解释这个魔术是怎样进行的。利用这一串 32 个黑和红符号的序列，我们选择 32 张牌的一种排列，使得花色与符号对应。有许多种排列都满足这个条件，但我们只取一种，之后就不改动了。

比如，8♦ 9♥ K♥ 7♥ 10♦ J♣ Q♥ 9♦ J♠ J♥ 9♣ 7♣ Q♣ 10♥ 9♠ K♣ Q♠ K♠ 10♣ K♦ 8♥ A♦ 8♠ Q♠ 7♦ 7♠ A♠ 8♣ J♦ 10♠ A♥ A♣。

根据第一位观众切牌的位置，接下来的 5 张牌（也就是 5 位观众拿到的牌）就决定了一串红色和黑色的序列，不仅让魔术师能够得知切牌的位置，而且给他指出了观众手中具体的牌。

我们看一下之前描述这个魔术时用到的例子。观众 1 和 3 拿着黑牌，于是 5 位观众的情况就是黑红黑红红。唯一能产生这个序列的切牌就是黑桃 10 位于牌叠第一张的情况：10♠ A♥ A♣ 8♦ 9♥ K♥ 7♥ 10♦ J♣ Q♥ 9♦ J♠ J♥ 9♣ 7♣ Q♣ 10♥ 9♠ K♣ Q♠ K♠ 10♣ K♦ 8♥ A♦ 8♠ Q♠ 7♦ 7♠ A♠ 8♣ J♦。于是那 5 张牌就是 10♠ A♥ A♣ 8♦ 9♥。

在实际操作时，魔术师可以先记住预先选择的牌序，然后心算出切牌的位置。这不太容易，他也可以借助一张不算大但包含了所有结果的表格（见框 1）。魔术师可以将表格偷偷放在一个只有自己能看到的地方——要么写在纸条上握在手心里，要么贴在外套里侧，要么贴在表演中用到的某个道具上。

■ 用一张图理解一切

还有一个问题，怎么找到尼古拉斯·德布鲁因的那些序列？

我们用到的是这个序列：

红红红红红黑红红黑红黑黑红红黑黑黑黑黑黑红红红黑黑红黑黑黑红黑红黑

如果用 1 代替黑，用 0 代替红的话，就得到了二进制信息：0000010010110011111000110110101

怎么才能找到这样的序列，或其他能让我们扩展这个魔术的序列？比如扩展到 6 位观众以及一套 64 张牌。

我们需要一种能将问题以图的形式表示出来的方法，并借此得到一个通用解法，来证明对于所有 n，都存在 n 阶的德布鲁因序列。要解释这个方法，用 4 位观众和只有 16 张的一套牌来解释会比较简单（比方说，只用红心和黑桃花色的牌）：魔术师知道 4 位观众牌的花色之后，就能得到 4 比特的信息，这让他能得知 16 张牌的切牌位置，因为这也能用 4 比特的信息来确定。

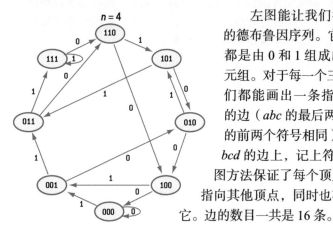

左图能让我们找到所有 4 阶的德布鲁因序列。它有 8 个顶点，都是由 0 和 1 组成的全部 8 个三元组。对于每一个三元组 abc，我们都能画出一条指向三元组 bcd 的边（abc 的最后两个符号跟 bcd 的前两个符号相同）。在从 abc 到 bcd 的边上，记上符号 d。这种画图方法保证了每个顶点都有两条边指向其他顶点，同时也有两条边指向它。边的数目一共是 16 条。

如果跟着一系列箭头找到从一个顶点走到另一个顶点的路径，就构造了一串由 0 和 1 组成的有限序列。比如，从上面的顶点 110 开始，经过 100、001 和 011，最后返回 110。给定这条路径，我们可以指定它对应的紧凑记号，在这里就是 1100110，方法是逐个列出顶点的三元组，但不能取两个相邻顶点之间重复的两个符号（用蓝色标记）：110-100-001-011-110 → 1100110。

现在，要找到一个 4 阶德布鲁因序列，相当于找到一条会回到出发点的路径（或者说"回路"），同时要经过所有边恰好一次。

回路经过图中的每个顶点恰好两次，因为每个顶点都引出了两条边。这样的回路就给出了一个德布鲁因序列，因为如果我们写出该回路的紧凑记号，那么其中就包含了所有由 0 和 1 组成的四元组。这是因为回路经过每个顶点（三元组）两次，一次会经由 0 的边，另一次则会经由 1 的边。每个四元组只会出现一次，否则回路就会通过同一条边两次。

我们来看个例子。假设回路顺次经过顶点 000-000-001-011-110-100-001-010-101-011-111-111-110-101-010-100，那么，它的紧凑记号

就是 4 阶德布鲁因序列 0000110010111101。

不难验证，如果考虑其中所有连续的 4 个符号的话，那么能得到由 4 个 0 或者 1 组成的全部 16 种序列，顺序如下：0000–0001–0011–0110–1100–1001–0010–0101–1011–0111–1111–1110–1101–1010–0100–1000。

我们差不多证明了，用这种方法，对于所有的 n 都能找到 n 阶的德布鲁因序列。接下来只需要用到图论中一个由莱昂哈德·欧拉证明的著名结论：

欧拉定理

当且仅当：

❑ 有向图是连通的（对于任意两个顶点，总能找到一条通过有向边的路径将它们连起来）；且

❑ 对于每个顶点来说，指向它的边的数目都等于由它出发的边的数目。

某个有向图中存在一个经过所有有向边恰好一次的回路（又叫"欧拉回路"）。

4. $n = 2, 3, 4, 5$ 的德布鲁因图和德布鲁因序列

德布鲁因图让我们能找到那些长度为 n 的滑动窗口包含的所有由 n 个数字 0 或者 1 组成的可能序列。这样由 0 和 1 构成的序列又叫作"n 阶德布鲁因序列"。

寻找这些序列，相当于在德布鲁因图中寻找欧拉回路，也就是一条最终回到出发点的路径，路上恰好经过一次图中的每条边。在图中，每个顶点向外发出两条边，又有两条边指向它。这就确保了对于所有的 n 都能找到这样的欧拉回路，于是也必定存在相应的德布鲁因序列。

对于 $n = 3$，欧拉回路 11–11–10–01–10–00–00–01 给出了（只看每一对的第一个字符）德布鲁因序列 11101000。当考虑这个序列上长度为 3 的窗口时（假设序列本身会绕回开头），我们就能得到所有由 0 和 1 组成的长度为 3 的序列：

11101000 → 三元组 111
11101000 → 三元组 110
11101000 → 三元组 101
11101000 → 三元组 010
11101000 → 三元组 100

11101000 → 三元组 000

11101000 → 三元组 001

11101000 → 三元组 011

下面是 4 阶德布鲁因序列的例子：0000110010111101。

然后是 5 阶的例子（也就是在魔术中用到的那个序列，对应图中的欧拉回路）：0000010010110011111000110110101。

还有 6 阶的例子（相关的图就省略了）：000000100010111111011101011000 1111001100100101010011100001101101。

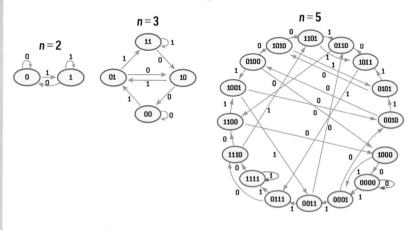

■ 欧拉回路

对于上述这些图来说，它们满足定理的第二个条件，因为从每个顶点都有两条边出发，同样有两条边指向它。第一个条件就需要一点思考了：从 *abc* 开始（也就是 *n* = 4 的情况），我们能到达 *efg* 吗？当然可以，只需要沿着 *abc*、*bce*、*cef*、*efg* 这些边就可以了。对于任意的 *n* 来说，这个想法也没问题。

德布鲁因图满足欧拉定理的条件，因此它们都拥有欧拉回路；也就是说，对于所有正整数 *n*，都存在 *n* 阶的德布鲁因序列。结论就是，无

论 n 是多少，我们都能用一套 2^n 张牌完成一个由 n 位观众参与的同类魔术。欧拉回路让我们对任意的 n 都能找出 n 阶的德布鲁因序列，而且能找到所有这类序列。这让我们能够计算这些序列的个数，一共恰好有 $2^{2^{n-1}-n}$ 个。

关于德布鲁因图、德布鲁因序列以及它们的变体，人们证明了许多结果，而这些结果大有用处，比如在机器人学（见框 3）中，又或者在基因测序领域中用于将机器解码出的大量短序列拼合起来，以得到诸如整个染色体序列（见框 5）。

5. 德布鲁因图在基因组组装中的应用

DNA 是由四种碱基（由字母 A、G、C、T 表示）组成的长链聚合物（基因或者染色体，等等），DNA 测序仪会从中抽取并产生大量的短序列，而这些短序列会有一些共同的部分，这些部分决定了正确的组装方式。有时候一条短序列可以跟几条不同的短序列组装在一起，于是我们就碰上了一个巨大的难题：为了决定唯一的完整长序列，我们必须用到测序仪产生的所有短序列。

自帕维尔·佩夫斯纳、汤海旭和迈克尔·沃特曼的工作开始，这些规模庞大的组合问题的解决方法就建立在类似框 3 涉及的图中对欧拉路径的搜索之上。这些图（上面就有一个例子）的顶点是机器给出的短序列，而边则指示了拥有共同部分的一对序列（因为其中一个序列的开头就是另一个序列的结尾）。将这些序列组装起来，就相当于在图中寻找欧拉路径。在测序仪给出的结果中出现的一些错误，让问题本身变得更困难。红色的字母表示测序中出现错误的地方。这些基于德布鲁因图的组装算法的应用是测序历史上的一个里程碑。今天，仍然有不少工作致力于完善这些方法。

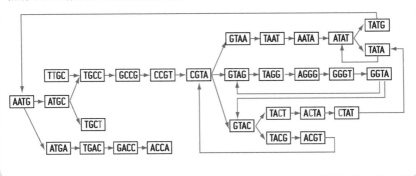

佩尔西·迪亚科尼斯和葛立恒写了一本很有趣的书，叫《魔法数学——大魔术的数学灵魂》(见参考文献)，书中用了 3 章来介绍基于德布鲁因序列的魔术，还叙述了这些序列的其他几个应用。

在该书中，我们还能找到本章开头提到的魔术的历史故事。这一点很有趣，因为这些故事说明了，在数学家插手之前，人们早已明白这个魔术的核心想法，只是在实践时还不太完美。

这个魔术的初版是由查尔斯·乔丹在 1919 年首次披露的，他是美国加利福尼亚州的一位农场主和养鸡专业户，同时也发明、出售一些魔术表演。这个初版并不完美：魔术师用的虽然是一套 32 张的牌，但参与的观众却是 6 位而不是 5 位。于是，纸牌应该没有依据德布鲁因序列来排列。1930 年，另外两位魔术发明家威廉·拉森和 T. 佩奇·赖特给出了这个魔术的一个有趣的变体。在其中用的是一套 52 张的牌，然后需要询问抽到三张前后相连的牌的观众，他们牌的花色是红心、方块、黑桃还是梅花。在得到这 6 比特（每个回答 2 比特）的信息之后，魔术师就能知道在 52 张牌中切牌的具体位置（这需要 5.7 比特的信息）。魔术师甚至可以用一套 64 张的牌（这就需要恰好 6 比特的信息）来完成魔术。

要对这个魔术的变体进行数学分析，我们需要利用由 4 个符号组成的符号序列。这正是先前的理论想要解决的问题，这里考虑了更一般的情况，也就是包含 k 个符号且长度为 n 的序列。

现在问题就在于，是否存在这样的符号序列（长度是 k^n），当考虑其中 n 个连续元素时，能够给出包含 n 个符号的所有 k^n 个序列？答案仍然是肯定的。尼古拉斯·德布鲁因本人已经知道解答有多少个了：对于所有大于等于 1 的整数 n 和 k，都存在相应的长度为 k^n 的德布鲁因序列，而总数恰好是 $(k!)^{k^{n-1}}/k^n$。

■ 开锁好帮手

德布鲁因序列的一个有趣应用就是用来打开那些不需要按"启动"按钮的 4 位数字门锁——只要最后输入的 4 位数字正确，门锁就会开启。

初看上去，"暴力破解"这种门锁需要尝试 10 000 种数字组合。如果我们按顺序 0000, 0001, 0002, …, 9999 一个接一个输入这些组合的话，那么就需要按下 40 000 次键盘。但如果我们利用正确的德布鲁因序列的话，那么只需要按 10 003 下：序列本身需要 10 000 下，然后再输入序列最开头的 3 位数字，就完成了整个循环。

数学家仍在继续对德布鲁因序列进行研究，并证明了不少结论，我们在这里讲两个最近的进展。

2011 年，韦罗妮卡·比彻和巴勃罗·阿列尔·埃贝提出了一个问题：如果给定一个包含 k 个符号的 n 阶德布鲁因序列，那么能不能用某种方法将它延伸（使得长度是原来的 k 倍）来得到 $n + 1$ 阶德布鲁因序列？他们证明了：第一，如果 $k \geqslant 3$，那么答案总是肯定的；第二，如果 $k = 2$，那么不可能将 n 阶德布鲁因序列延伸得到 $n + 1$ 阶序列，但总是可以将其延伸得到 $n + 2$ 阶序列。

长度为 n 的窗口在由 0 和 1 组成的序列上滑动，得到所有长度为 n 的可能序列（这就是在符号 0 和 1 上的 n 阶德布鲁因序列的定义），与其如此，我们不如用相同的滑动窗口仅得到由 0 和 1 组成的不太密集的序列，比如说那些至多包含 m 个 1 的序列。这就是 J. 萨瓦达、B. 史蒂文斯和 A. 威廉斯在 2011 年提出的问题。这种长度为 n 的序列一共有 $C_n^0 + C_n^1 + \cdots + C_n^m$ 个。

这是帕斯卡三角形第 $n + 1$ 行的前 $m + 1$ 个数的和。我们知道，帕斯卡三角形第 $n + 1$ 行的第 $m + 1$ 个数就是二项式系数 $C_n^m = n!/(m! (n - m)!)$。我们能不能像列出所有长度为 n 的可能序列那样，以最经济的方式列出所有包含至多 m 个 1 的序列？也就是说，我们能不能在一个长度如上所述的序列中，通过长度为 n 的滑动窗口得到所有需要的序列？

答案并非一目了然，却是肯定的：的确存在能列出所有长度为 n 且最多只有 m 个 1 的德布鲁因序列。

人们也研究了在二维中关于类似的最经济枚举问题的不同版本，并将其应用到对机器人的研究中（见框 3）。舞台上的魔术和组合难题之间的距离并不遥远，而人们在此过程中发现的数学结果对多个不同领域产生了始料未及的影响，其中也包含了实实在在的应用。

第4章

洗牌

数学家对洗牌的了解越来越深入，但尽管进展显著，问题仍然棘手……

无论在用扑克牌玩魔术时，还是在打牌发牌之前，我们都会洗牌。这样做是为了适当地打乱牌的顺序，使得发给每个玩家的牌不会有任何偏向。但这到底意味着什么？数学能帮助我们更好地确定这个问题吗？

当听到数学上有新进展时，很多人都会大吃一惊。对于他们来说，这门有着千年历史的学科已经成熟到了越来越罕有新发现的地步。他们觉得，对于洗牌这样平淡无奇的课题来说，一定没什么新东西可谈了。大错特错！数学研究不仅处于前所未有的活跃状态，而且，即使像洗牌那样看似基础而古老的课题，每年也会涌现新的知识。最近的一些研究终于能回答牌友们都会问到的关于洗牌打乱次序的某些问题了。

外侧法罗（Faro Out，又叫 Pharaon Out）洗牌是一种确定性的洗牌法：将一叠牌的上半部分和下半部分完美地交错叠放在一起，使得这叠牌的第一张牌在洗牌后仍然是第一张；如果它变成了第二张的话，就是内侧法罗（Faro In）洗牌。尽管这很难做到，但是不少魔术师还有一些数学家能成功地将一叠牌刚好分成拥有相同数量的两半，然后再将它们完美地交错叠放起来。

与所有不涉及随机性的洗牌法一样，外侧法罗洗牌法在重复多次之后，纸牌会变回原来的顺序。对于一套 52 张的扑克牌来说，这只需要重复 8 次。

这种洗牌曾经被用来作弊。在 1726 年，于伦敦匿名出版的《现代博彩中的技艺和奥秘》（*Whole Art and Mystery of Modern Gaming*）一书第一个提出了这一想法。1919 年，C. T. 乔丹的著作中出现过在魔术中利用法罗洗牌法的想法。数学家保罗·莱维在 1940 年至 1950 年间也研究过这个问题，他证明了，如果牌的数目是 2 的某个次方，比如 2^k，那么重复 k 次外侧法罗洗牌后，一叠牌就会恢复原状。

英国伦敦的计算机科学家亚历克斯·埃尔姆斯利在 1975 年发现了能够将一叠牌中的第一张牌移到第 n 个位置的洗牌方法。关于这类洗牌法的完整理论是在 1983 年由佩尔西·迪亚科尼斯、葛立恒和威廉·坎特提出的。但直到 2006 年，迪亚科尼斯和葛立恒才在一般情况下，找出了要将原来排第 n 张的牌移动到第一张所需的外侧和内侧法罗洗牌的序列。

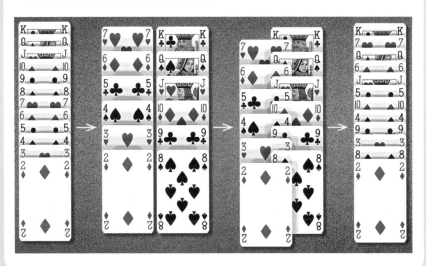

洗牌方法有两大类，分别是确定性洗牌和随机性洗牌，它们引出了不同的问题和不同的数学。在确定性洗牌中，第一次洗牌和将纸牌恢复原状之后再进行第二次洗牌得到的结果完全一样，其中没有随机性扰乱的余地。

　　随机性洗牌每次得到的顺序都不一样，因为它依赖于随机因素，连洗牌人也无法预计，除非他作弊了。

　　我们从最简单的确定性洗牌开始，这就是外侧法罗洗牌法（也叫完美洗牌）。

　　我们先将一叠牌分成牌数完全相同的两叠，上面的记作 A，下面的记作 B。然后将它们交错叠合在一起，使得来自 A 和 B 的牌一先一后完美交错，并确保 A 最上方的牌在洗牌后仍然在这叠牌的最上方（最后一张牌也会留在原来的位置）。举个例子：一叠牌 $(1, 2, 3, 4, 5, 6, 7, 8)$ 会被分成两份，即 $(1, 2, 3, 4)$ 和 $(5, 6, 7, 8)$，然后在交错叠合之后，就会得到 $(1, 5, 2, 6, 3, 7, 4, 8)$ 的顺序。如果在洗牌的过程中，我们将 A 的第一张牌放到第二个位置，就会得到 $(5, 1, 6, 2, 7, 3, 8, 4)$，这种洗牌法就是内侧法罗洗牌。在包含 8 张牌的一叠牌上连续进行 3 次外侧法罗洗牌，就会回到一开始的顺序：$(1, 2, 3, 4, 5, 6, 7, 8) \rightarrow (1, 5, 2, 6, 3, 7, 4, 8) \rightarrow (1, 3, 5, 7, 2, 4, 6, 8) \rightarrow (1, 2, 3, 4, 5, 6, 7, 8)$。

　　魔术师很了解这些洗牌法，他们还知道怎么多次重复进行这样完美的洗牌。有个短片展示了英国利兹大学的数学家凯文·休斯敦如何用一叠 52 张的牌完成了连续 8 次外侧法罗洗牌，使牌回到了原来的顺序。对于外侧法罗洗牌来说，将一叠牌的顺序复原需要的洗牌次数 k 取决于牌的张数 n。具体的值由以下列表给出：$(n, k) = (2, 1), (4, 2), (6, 4), (8, 3), (10, 6), (12, 10), (14, 12), (16, 4), (18, 8), (20, 18), (22, 6), (24, 11), (26, 20), (28, 18), (30, 28), (32, 5), (34, 10), (36, 12), (38, 36), (40, 12), (42, 20), (44, 14), (46, 12), (48, 23), (50, 21), (52, 8)$。

　　如果你想继续延伸这个表格，没有问题，但要记住，如果 n 是偶数，那么利用外侧法罗洗牌使牌序复原所需的次数 k 是能使 $2^k - 1$ 是 $n-1$ 的倍数的最小值。

　　无论有多少张牌，重复进行外侧法罗洗牌总会回到原来的牌序，而这个性质对于所有确定性洗牌都成立。无论洗牌方法如何，只要重复同样的确定性洗牌，一叠牌总会回到一开始的顺序。这个性质来自人们自从 19 世纪就知道的群论知识。

　　要计算经某种确定性洗牌后复原牌序所需的次数，方法并不复杂：我们先确定洗牌中每个循环的大小（对于 8 张牌的外侧法罗洗牌来说，第 2 张牌会变成第 3 张，然后再变成第 5 张，最后重新回到第 2 张，这就是一个三阶的循环），然后再计算这些循环的最小公倍数就可以了。

■ 被控制的移动

　　然而，这个结果只是一个开始，有关外侧和内侧法罗洗牌的完整理论要等到 1983 年才由佩尔西·迪亚科尼斯、葛立恒和威廉·坎特提出。在外侧和内侧法罗洗牌的诸多性质中，下面这个非常美妙的性质也可以作为魔术的原理。如果以特定的顺序连续进行外侧和内侧法罗洗牌，我们就能将最顶端的那张牌洗到任意的位置 n。方法如下：先将整数 $n-1$ 写成二进制，比如对于 $n=7$，$n-1$ 就是 6，写成二进制就是 110；要将最顶端的那张牌移动到位置 n，我们需要逐位读取二进制数字，如果是 1 就进行内侧洗牌，如果是 0 就进行外侧洗牌，对于 110 来说，也就是按顺序进行内侧、内侧、外侧的法罗洗牌。我们来验证一下：$(1, 2, 3, 4, 5, 6, 7, 8)$ →内侧 $(5, 1, 6, 2, 7, 3, 8, 4)$ →内侧 $(7, 5, 3, 1, 8, 6, 4, 2)$ →外侧 $(7, 8, 5, 6, 3, 4, 1, 2)$。最顶端的牌的确变成了第 7 张。

反方向的问题是由英国人亚历克斯·埃尔姆斯利提出的（上述将第一张牌移动到任意位置的方法也是他发现的），但在 30 年间仍然悬而未决。需要以什么顺序进行内侧和外侧的法罗洗牌，才能将第 n 张牌洗到顶端？直到 2007 年，迪亚科尼斯和葛立恒才给出了一般情况的解答。这个解答有点复杂，在这里不好解释……魔术师就算想利用这种技巧，也很难记住具体怎么操作，所以这只是理论上存在的魔术手法。

因为那些实际的洗牌方法依靠随机性，所以"老千"和魔术师都用不上，但对于担心公平性的玩家来说正好适合。

牌桌上常用的随机洗牌法有五六种，这还没算上机器洗牌。现在，人们用的最多的洗牌法就是美式洗牌法，又叫燕尾洗牌法。它跟法罗洗牌的操作很像，但交错叠合并不完美，却因此更容易操作。

将一叠牌分成大致相等的 A 和 B 两份之后，我们将它们交错叠合，得到的新牌顺序如下：先是几张 A 顶端的牌，然后是几张 B 顶端的牌，接下来又是几张 A 中的牌（紧接着之前 A 中的牌），然后是几张 B 中的牌（紧接着之前 B 中的牌），等等。这种洗牌法看起来不错，因为即使仅洗牌一次，由多叠薄薄的纸牌交错堆叠得到的新顺序也会以不可预计的方式将一开始的牌序洗乱。这很可能是一种错觉，但怎样才能打破这种印象？

1912 年，亨利·庞加莱在他的《概率计算》（*Calcul des Probabilités*）一书中花了 8 个章节讨论洗牌问题，其中，他提出了一个有关随机性洗牌的一般性结论，这一结论自然而然对美式洗牌也适用。庞加莱证明，长远来看，这些洗牌法确实可以将牌洗乱。

n 张牌的排列方法一共有 $n(n-1)(n-2)\cdots 1$ 种，我们将这个乘积记

作 $n!$，即 n 的阶乘。如果洗牌后没有特定的牌序比其他牌序更容易出现，那么我们就说牌洗均匀了。庞加莱用的方法就是如今所说的"马尔可夫链"的前身。他借此证明了，越进行随机性洗牌，一叠牌处于某种特定顺序的概率就越接近 $1/n!$。这跟我们的直觉相符：只要随机性洗牌的次数足够多，我们就会得到预想的结果，也就是在所有可能的牌序中，公平地做出随机选择。

遗憾的是，庞加莱并没有说明这些不同顺序出现的概率会以什么速度趋近于 $1/n!$，所以他的工作并没有说清，在牌桌上实际需要洗多少次牌才足够。法国数学家埃米尔·博雷尔、雅克·阿达马和保罗·莱维也对洗牌的问题感兴趣。博雷尔认为对于一套 52 张牌来说，只需 7 次美式洗牌就足够了，但他没有给出证明。

■ 美式洗牌的数学模型

此后，能严谨地证明这个断言的数学理论才逐步成型，我们接下来会讲到这个理论。我们会多次看到"佩尔西·迪亚科尼斯"这个名字，这位杰出的美国数学家一开始走的是专业魔术师的道路，后来成了美国斯坦福大学的统计学教授。

人们在精确计算洗牌次数上迈出的第一步，要归功于美国数学家埃德加·吉尔伯特和克劳德·香农。他们在 1955 年提出了一个贴近现实的模型，描述了美式洗牌时会发生的事情。他们假设，一叠牌分成（一般不相等的）两份，各自有 p 和 p' 张牌（$p + p' = n$）的概率是 $C(n, p)/2^n$。在这里，$C(n, p)$ 就是著名的牛顿二项式系数，它等于 $n!/[p!(n-p)!]$。这个关于切分一叠牌的概率的假设对应着二项分布，即一条"钟形曲线"，这也是这类现象最可能出现的情况。

比如说，如果你要将一副 8 张的牌分成两份，二项分布告诉我们，分成 4 - 4 的概率是 27.4%，分成 3 - 5（或 5 - 3）的概率是 21.9%，分成 2 - 6（或 6 - 2）的概率是 10.9%，分成 1 - 7（或 7 - 1）的概率是 3.1%，而分成 0 - 8（或 8 - 0）的概率是 0.4%。最后这种情况有点怪，但即使不考虑它，结果也差不多。在吉尔伯特和香农的模型中，将得到的两叠牌交叉叠合的过程也再简洁自然不过了：当我们将一叠 p 张牌 A

和另一叠 p' 张牌 B 叠合时，所得新顺序的第一张牌为 A 中第一张牌的概率是 $p/(p + p')$，为 B 中第一张牌的概率是 $p'/(p + p')$。在确定新顺序顶端的一部分牌之后，剩下部分也可以照此操作，只是处理的这叠纸牌变薄了。

在 1988 年，迪亚科尼斯所做的实验证实了吉尔伯特和香农的模型很令人满意，也就是说，这是一个有关美式洗牌过程的合理数学模型——它有点理想化，但不过分。接下来就是要利用这个模型来计算，要将牌的顺序打得足够乱，需要洗多少次牌。戴夫·拜尔和迪亚科尼斯（又是他！）在 1992 年发表了一篇论文，解答了这个问题，答案的基础是一个优美的数学思想。首先，考虑美式洗牌及其理论模型的一个推广：这次不再将牌仅分成两份，而是将其分成 a 份；然后，把它们同时交错叠合起来。更准确地说，我们从这些小叠纸牌中一张一张地抽取纸牌，来组成一叠新的完整纸牌，而每次取到某叠牌的第一张牌的概率与这叠牌的数目成正比。这个扩展的数学模型原理和分成两叠的美式洗牌一样，这一洗牌法叫 "a - 美式洗牌法"，在现实中需要 a 只手才能实现。

然后就是一切的关键。数学家证明了先进行一次 a - 美式洗牌，再进行一次 b - 美式洗牌，就相当于进行了一次 ab - 美式洗牌。这个美妙的结果说明了，如果进行 k 次常规的美式洗牌（也就是 2 - 美式洗牌）的话，那么这相当于一次 2^k - 美式洗牌。正因为有了这种简明阐释连续 k 次美式洗牌的方法，我们才能得知，在连续 k 次美式洗牌之后，得出的一个给定顺序的准确概率——这也让我们了解，一种洗牌法有多接近于每种顺序都以 $1/n!$ 的概率出现的"完美洗牌"。

3. 迪亚科尼斯，魔术师与数学家

佩尔西·迪亚科尼斯在确定性洗牌和概率性洗牌上都做了数学研究，他对掷硬币得到正面或反面的物理问题也感兴趣。他的研究成果大大拓展了人们对洗牌的了解。

迪亚科尼斯的职业生涯堪称独一无二。他出生于 1945 年，在 14 岁时，为了追随加拿大魔术师戴·弗农，他离开了家，并在弗农的训练下，成为一位职业魔术师。他用"佩尔西·沃伦"这个名字在魔术界混迹十几年。在 1971 年，他按照自己先前的计划重拾学业，而且可以说相当成功，因为他在 1974 年就在美国哈佛大学完成了博士答辩。

他的朋友马丁·加德纳曾说，迪亚科尼斯为了支付学费，曾经用扑克赌博。加德纳还开玩笑说，迪亚科尼斯"发二张"和"发底张"的技术炉火纯青，这让他在发牌时能发出一叠牌中的第二张或最底端的牌，而不是最顶端的牌。如今，迪亚科尼斯是美国斯坦福大学的统计学教授，他和葛立恒合著了一部关于魔术中用到的数学想法的精彩著作——《魔法数学——大魔术的数学灵魂》。

■ 出人意料的公式

衡量一次 a - 美式洗牌均匀程度的公式非常有趣，甚至可以说令人吃惊——这个相当简单的公式竟然能描述如此复杂的洗牌结果。下面就是结果和公式：

在对一副 n 张牌进行一次 a - 美式洗牌后，得到牌序 Q（比如 $Q = (3, 8, 5, 2, 4, 6, 7, 1)$）的概率为 $C(a + n - \mathrm{sm}(Q), n)/a^n$。

其中，C 与之前一样代表了牛顿的二项式系数，而 $\mathrm{sm}(Q)$ 是 Q 分解为递增数列时得到的数列个数。在上述例子中，$\mathrm{sm}(Q)$ 等于 4，因为 $(3, 8, 5, 2, 4, 6, 7, 1)$ 可以分解为 4 个递增数列：$(3, 8), (5), (2, 4, 6, 7), (1)$。

我们来看看拜尔和迪亚科尼斯这个美妙公式的应用。我们从排好的一叠牌 $(1, 2, 3, 4, 5, 6, 7, 8)$ 开始，然后连续进行 3 次 2 - 美式洗牌，这相当于一次 8 - 美式洗牌（$a = 8$），我们得到 $(3, 8, 5, 2, 4, 6, 7, 1)$ 的概率就是 $C(8 + 8 - 4, 8)/8^8 = 12!/(8! \, 4! \, 8^8) = 2.95 \times 10^{-5}$。

这跟我们期望的 $1/8!$，即 2.48×10^{-5} 差不多。完美洗牌得到 $(3, 8, 5, 2, 4, 6, 7, 1)$ 的概率（$1/8!$）和连续进行 3 次 2 - 美式洗牌得到同一顺序的概率，二者之间的差异是 0.47×10^{-5}。当然，对于所有顺序 Q 来说，如果理想概率 $1/n!$ 和实际概率之间的差距足够小，或者更进一步，将所有可能的 $n!$ 种顺序的概率差距加起来，得到的和足够小，那么我们才能说，这一系列美式洗牌满足我们的要求。

这个求和能衡量重复 k 次的美式洗牌能否被接受。为方便比较，我们让差距最大只能取到 1，这样一来，当我们计算美式洗牌与理想情况（所有顺序都是等概率的）的差距时，应当将所有可能的概率差距的一半相加。表 1 是拜尔和迪亚科尼斯计算出来的结果，展示了对一叠 n 张牌连续进行 k 次美式洗牌后，其结果与完美洗牌的差距：差距越接近 1，洗牌结果越糟糕；差距越小，洗牌越均匀。

⊕ 表 1

n	k									
	1	2	3	4	5	6	7	8	9	10
25	1.000	1.000	0.999	0.775	0.437	0.231	0.114	0.056	0.028	0.014
32	1.000	1.000	1.000	1.929	0.597	0.322	0.164	0.084	0.042	0.021
52	1.000	1.000	1.000	1.000	0.924	0.614	0.334	0.167	0.085	0.043
78	1.000	1.000	1.000	1.000	1.000	0.893	0.571	0.307	0.153	0.078
104	1.000	1.000	1.000	1.000	1.000	0.988	0.772	0.454	0.237	0.119
108	1.000	1.000	1.000	1.000	1.000	1.000	1.000	0.914	0.603	0.329
312	1.000	1.000	1.000	1.000	1.000	1.000	1.000	0.999	0.883	0.565

这张表展现了对于 n 张牌来说，进行 k 次美式洗牌后得到的结果与完美洗牌的差距。在完美洗牌中，每种牌序都以相同的概率 $1/n!$ 出现。

当差距比 1/10 还小的时候，我们认为对应的洗牌就是可以接受的：平均来说，得到每个顺序的可能性与进行无数次同一种洗牌方法得到的完美洗牌的差距不超过 10%。对于一叠 52 张的牌来说，我们得到的正是博雷尔猜想的结果：用美式洗牌洗七八次，就足够令人满意了。下图中的曲线给出了 a - 美式洗牌用在 52 张牌上时得到的结果。这里 a 的取值都是 2 的乘方，对应着重复进行 1 次、2 次、3 次等的美式洗牌。

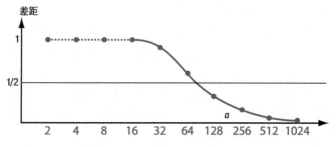

⊕ 针对一叠 52 张牌和不同的 a 值，a - 美式洗牌与完美洗牌的结果的差距。

这条曲线上明显有一个"洗匀阈值":洗 1 次、2 次、3 次、4 次、5 次都不足够。从第 6 次开始,洗牌结果就算可以接受了,但只有达到 10 次(对应 $a = 2^{10} = 1024$)洗牌,差距才真正接近 0。

自拜尔和迪亚科尼斯在 1992 年发表这篇论文之后,各种其他研究,以及考虑了在更严格的差距概念下得到的计算结果都表明,如果说 7 次美式洗牌对于 52 张牌来说足够了的话,那么,想要真正防备任何作弊或者意外,应该要洗差不多 12 次牌。要注意的是,上面这个漂亮的公式并不会让计算变得容易多少:因为一叠 n 张牌有 $n!$ 种可能顺序(对于 52 张牌来说,差不多就是 8.1×10^{67} 种顺序),所以,要计算所有概率差距的一半的和,也就是衡量洗牌质量的标准,还需要一些技巧。

博彩行业并没有对这些结果置若罔闻。比如说在今天,某些洗牌机的程序会采用以上建议的 7 次美式洗牌。设计洗牌机的工程师们对迪亚科尼斯的才华也是赞赏有加。

■ 实验桌上的洗牌机

有一家公司希望将一种洗牌机投入商用,这种洗牌机的基本原理与美式洗牌的不同,所以,公司咨询了迪亚科尼斯,希望他可以证明这台机器能将牌洗匀。这台机器将牌分成 10 叠,每次会将每张牌随机分到其中一叠的顶端或底端。

在这样将牌分发成 10 叠后,机器又会用随机次序将分好的 10 叠牌叠在一起。这台机器在每一步用到的随机数值都源于伪随机发生器。

迪亚科尼斯的团队对这台机器的研究成果令业界很失望,因为其数学结论如下:第一,将 10 叠牌随机叠在一起的这最后一步毫无用处,也就是说,这台机器本身的复杂性毫无意义;第二,只用机器的方法洗一次牌并不够,某些作弊方法仍能实现;第三,用机器的方法洗两次牌,就能得到令人满意的结果。但第三个结论无法让工程师满意,因为出于加快游戏节奏的目的,他们希望能打造一台能一次性洗好牌的机器。

最近,人们研究了四类相关的新问题。

一、其他洗牌方法。除了美式洗牌之外，人们还研究了不少其他随机洗牌法。比如，人们对所谓的随机插入洗牌法很有兴趣，这种洗牌法就是不停进行如下的操作：取第一张牌，然后将其随机插入到剩下的牌中。对于这种随机洗牌法，莱尔纳·佩赫利万在 2010 年证明了，如果我们希望牌被洗乱到可以接受的程度，那就要重复大概 $4n\log_2(n)$ 次操作。

二、重复出现的牌。在某些游戏中，玩家只看点数，也就是说所有 A 或所有 K 彼此都一样。在洗牌时，这意味着重要的不是得到任意的牌序，而是得到任意的点数顺序。这相当于研究有重复出现纸牌（比如每张牌都出现 4 次）的一叠牌。当然，这些重复出现的纸牌让"洗好牌"变得更容易了。

对于包含重复出现的纸牌的一叠 52 张牌来说，进行 7 次（或 12 次）美式洗牌的规则会怎么变化呢？ 2006 年，马克·康格和迪瓦卡·维斯瓦纳特研究了这个问题：对于 52 张牌来说，如果只考虑点数的话，那么只要进行 5 次美式洗牌，所得结果的质量就跟在同时考虑点数和花色的情况下进行 7 次美式洗牌的结果质量差不多。如果对概率均匀的要求更严格的话，那么 52 张牌原本需要的 12 次美式洗牌，在这里就变成了 9 次。

三、手中牌的顺序。这是另一个长期被忽略的问题，但现在已经弄清楚了。发牌后，每位玩家收好他们的牌，对于大部分游戏来说，玩家手上牌的顺序并不重要。决定手里牌好坏的只有牌的集合（不计顺序）。另外，玩家可以重新排列手里牌的顺序（除了玩类似"拉火车"的游戏）。洗牌是否令人满意，并非取决于发牌前的那叠牌对于所有 $n!$ 种可能的顺序是否拥有同样的概率，而是在发牌之后，发出去的（比如桥牌中）4 叠 13 张牌的集合是否跟完全均匀发出去的牌差不多。利用这一点，我们可以节省两次美式洗牌。结果就是，想要得到一副能让桥牌玩家满意的牌，需要的美式洗牌次数少于 7，而对于更严格的要求来说，需要的次数也小于 12。

四、发牌方法。最后一点就是，洗好的牌该怎么发。通常用的方法就是将牌一张一张发出去。这个操作能减少发牌不公平的风险，让作弊变得更加困难。另一种发牌方法就是将开头的 13 张牌发给第一位玩家，接下来 13 张发给第二位玩家，等等。如果我们确定牌已经被完美地洗好的话，那么这种发牌方法也不错。马顿·鲍拉日和达维德·绍博证明，如果发给每位玩家 s 张牌，一张一张地循环发牌，而不是先给第一位发 s 张，再给第二位发 s 张的话，那么这大概相当于进行了 $\log_2(s)$ 次美式洗牌。

■ 桥牌只需要 4 次美式洗牌

在桥牌中，将 52 张牌洗得足够均匀所需要的 7 次美式洗牌可以减少到 4 次。考虑之前的第三点（手牌中的顺序无关紧要）就节省了 2 次洗牌，而考虑循环发牌的话，就又节省了一次洗牌。

对于更完美的要求，原来所需要的 12 次洗牌也能这样减少到 9 次，甚至更少。

这些发现都很了不起，但我们可以确定，还有别的"宝石"正静静躺着，等待着理论专家的慧眼来发现。

第 5 章

英国跳棋的终结？

　　凭借数不胜数的创新，加上非凡的毅力，人们终于将英国跳棋的分析推向了极致。

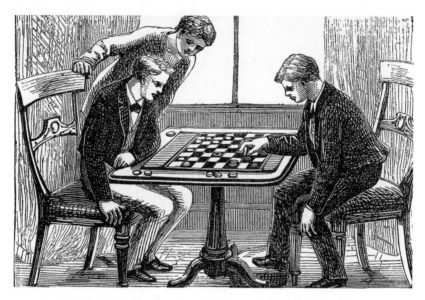

　　英国跳棋用的是 8 × 8 的格子棋盘，而不是法国跳棋那样 10 × 10 的格子棋盘，但两者有很多相似之处（见框 1）。在盎格鲁 - 萨克逊文化中，很多人玩这个游戏，它跟国际象棋、围棋和黑白棋一样流行，上图表述的是维多利亚时代的人正在玩英国跳棋。在这四个游戏中，英国跳棋是最容易让机器达到完全胜利的。这已经得到了确证：2007 年，加拿大阿尔伯塔大学的一个研究团队揭开了英国跳棋最优策略的神秘面纱。乔纳森·谢弗从 1989 年就开始主持研究工作。这是一个历史性的壮举，需要各种各样的才能，还需要一组复杂度难以置信的计算。这项工作大大推进了算法博弈论领域的研究进程，利用了之前在其他领域用到的一些技术。与大家所想的不同，这并不是机器对人类的胜利，而是人类智慧的胜利，也是聪明而又不屈不挠的研究者们的胜利——他们用当前的计算机系统取得了令人震惊的结果，把系统本身"榨取"到了极限！

机器在棋盘游戏中有三种方式打败人类。第一种就是计算机玩得足够好，使人类玩家在每一次与机器对阵时，必定落败或者求和。从 1994 年开始，英国跳棋就处于这种情况。自从 1997 年 5 月加里·卡斯帕罗夫和升级版的计算机"深蓝"的著名对局之后，国际象棋也以类似的方式为机器所掌握。2006 年 12 月，程序 Deep Fritz 对当时的世界冠军弗拉基米尔·克拉姆尼克的胜利又一次确认了机器在国际象棋上对人类的优势。

■ 三种胜利

然而在理论上，这样的方法并不能排除出现一位洞若观火的人类选手，他能利用程序的弱点制定一种策略，并成功将程序打败。处于第一个层次的程序所用到的算法都建立在"启发式算法"的基础上。这类算法一般运作得不错，但并不能保证在每一步都会正常运转。"好对局"并不等于"完美对局"。

要得到战无不胜的程序，必不可少的工作就是进行更加细致的分析。在对局中，我们需要在某种程度上预见到所有可能的棋步。只有在几个简单的游戏中，机器才能以这种完美无瑕的方式打败人类对手，其中包括 15 × 15 棋盘上的五子棋（在 1996 年实现这一步）。

谢弗的团队在 1994 年就已经是最好的英国跳棋程序开发团队（这个程序用的就是启发式方法），他们最终发现了这个游戏的不败策略。团队在 2007 年 7 月的《科学》期刊电子版上发表了一篇论文，题为《跳棋已被解决》（"Checkers is solved"），因为他们最终得到的策略是完美的。无论程序是先手（也就是黑方）还是后手，它都不会输；如果程序的对手应对正确，那么将出现和棋。两位完美的棋手，比如程序对阵自身，就会下出和局。没有任何方法能改变这种令人失望的情况。其实长久以来，这个游戏的专业玩家们就猜测，两位完美棋手的对决必定是和局。

机器完成优秀对局的第三种层次是，对于任意的跳棋开局来说，程序都能下出最优策略，即使开局本身是人为设定的，而不是来自正常游戏规则下的对局。来自非洲的西非播棋（Awari，又叫 Awele）在 2002 年就达到了这一对局的第三层次；但对于英国跳棋来说还要再等上几年，才能达到这个目标。

在 8 × 8 棋盘的英国跳棋中，人们计算出棋子的所有可能布局大概有 $5 × 10^{20}$ 个，是西非播棋布局数的一亿倍。这种难度的游戏被完全解决，还是第一次。人们注意到，10^{21} 这个数字正标志着目前技术能力的极限。它是数据储存的总数：今天地球上硬盘的累计容量约为 10^{21} 字节；就计算能力而言，如今地球上微处理器的累计计算能力大约是每秒执行 10^{21} 个指令。这个累计计算能力遵循摩尔定律，大概每 18 个月就会翻倍，相当于每 5 年变成 10 倍。也许，我们能确定最优策略的决策树大小的变化也会遵循这个定律。

为了达成这个壮举，加拿大团队将问题分成了几部分，其中一些问题需要多年的耕耘以及上千小时的计算。要说清楚的是，他们用到的方法并不是在一台或几台计算机的内存中储存所有 $5 × 10^{20}$ 种可能的棋局，然后分析这些棋局得出最优策略。这种穷尽一切的回溯分析法（可以用数学定义，而且理论上是完美的，见框 2）所需的储存空间比目前地球上所有内存还要多！这里要用一些更精妙的方法。

1. 英国跳棋的规则

英国跳棋用的是 8 × 8 的格子棋盘（图 a）。玩家在棋盘上分别放置 12 个白色和黑色的棋子。棋盘每一格的编号（图 b）能用来描述棋局或某个残局（图 c 中是白方胜）。在对局中，黑方先行。一枚棋子可以沿着深色格子向前走一步（白方走向黑方阵营，而黑方走向白方阵营）。棋子通过跳着对方棋子的方式吃它（图 c），但跳到的格子必须是空的。一枚棋子可以在同一步中顺次进行多次这样的跳跃。普通棋子不能往后走。

当普通棋子到达对方底线时，它就成为王棋。跟国际象棋中的象不同，王棋不能"飞"，只能像普通棋子那样移动或者跳过其他棋子来吃掉它们，但王棋可以往后退。

当可以吃子时，棋手必须吃子。当可以连续吃子时，棋手不一定要选择最长的吃子路径，但必须在选择的路径上吃掉尽可能多的棋子。

当某位棋手的棋被吃光，或者无法移动时，棋局就结束了，另一位棋手获胜。在图 d 的局面中，谁先下谁就能赢，比如白棋的赢棋步骤是 23 - 18，1 - 5，32 - 27，5 - 9，27 - 23。

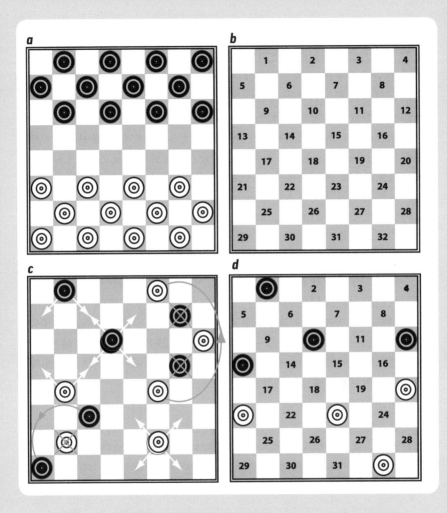

■Chinook 的悠长历史

　　这个项目始于 1989 年，一开始的目标是开发一个程序，尝试打败自 1950 年开始就称霸英国跳棋棋坛的世界冠军马里昂·廷斯利。从 1950 年到 1995 年去世，廷斯利在参加的所有循环赛中都取得了胜利，在对阵人类时未尝败绩。他统治棋坛就是到了这种程度！

直到 1992 年，人们才"打败"了他，在这一年，加拿大阿尔伯塔大学开发的 Chinook 程序在对阵廷斯利的比赛中落败（Chinook 的意思是从山上吹下来的暖风，因为海拔下降、气压上升，所以风会变热）。然而在这轮比赛中，廷斯利有两次输给了机器，这是他自 1950 年以来在比赛中的首次败绩。1994 年，升级改进的 Chinook 程序和廷斯利进行了第二轮比赛。由于廷斯利的身体状况不佳，这次比赛被迫中断——他当时患上了胰腺癌，8 个月后就被病魔夺去了生命。自此之后，Chinook 程序就被认为是最好的棋手，而所有与之对战的人类都成了它的手下败将。这样的结果并不令人满意——廷斯利到底能不能打败 Chinook 呢？这种状况促使谢弗的团队走得更远。这一次，他们把目标定为找到这个游戏的最优策略，在数学上保证任何人类——即使是廷斯利——或另一台机器无法动摇新版本 Chinook 的统治地位，它应该是完美的。

对于简单的游戏来说，我们可以用回溯分析找到最优策略。根据情况，我们给对应终局的局面打上"胜"（相对于正要下棋的一方来说）、"负"和"和"的标记。这些标记能让我们知道一步之前的局面到底会导致胜、负还是和。这样一步一步倒推回去，我们就能标记越来越复杂、越来越靠近开局的局面。在简单的游戏中，我们可以一直倒推到初始局面，从而知道它到底会导向胜利、败北还是和局。

想保证得到最优策略，只需保证：一、从所有标记着棋手 A 获胜的局面，都能走出某一步达到棋手 B 落败的局面；二、对于规则允许的所有着法，从一个标记着棋手 B 落败的局面开始，都会得到标记着棋手 A 获胜的局面。平局的可能性会让这个想法变得稍微复杂一些，但原则是不变的（见框 2）。

在英国跳棋中，我们不能对所有局面实际进行回溯分析，因为 5×10^{20} 个局面实在太多了。然而，即使并不完全，回溯分析得到的标记也很有用。Chinook 程序最初的几个版本就预先做好了这样的标记，正是这些标记使程序在终局时不会犯任何错误。这种预先进行回溯分析的方法，也就是预先通过计算一次性解决终局的问题，在所有棋盘游戏（国际象棋、黑白棋等）的程序设计中都是一种经典技巧。

在 1989 年，英国跳棋中所有少于 4 枚棋子的局面就用这种方法被标记并储存了起来。在 1994 年对战廷斯利的第二轮比赛中，有相当一部分至多包含 8 枚棋子的局面被预先分析过。在 1996 年，至多包含 8 枚棋子的局面的标记数据库完成了，然后被用到了 Chinook 程序上。要得到完美策略，这还不够。在 2001 年，谢弗的团队利用回溯分析法开始对所有至多包含 10 枚棋子的局面进行计算和标记。经过在数十台机器上同时进行的数千小时计算，这项工作到 2005 年才最终完成。这项工作需要部署并行算法，因此该团队在这个算法领域中也做出了重要贡献。

最后得到的数据库包含了 39 万亿个局面。操作这个数据库需要特殊的数据压缩技巧，将数据库的大小压缩到 237 GB。要使用这个数据库，就需要解压缩的操作，加拿大的研究人员设计并优化了这些操作。这项精妙的技术是专门为该问题开发的，能用于计算、控制和利用最终局面的标记。

2. 回溯标记法

为了理解回溯标记方法，我们来分析一个非常简单的游戏。

桌上放着一叠 10 个棋子。两位玩家轮流下棋，每一轮都要从这叠棋子中取出 2 到 3 个，不能跳过不取。谁拿到了最后一枚棋子谁就赢了；如果最后只剩下一枚棋子，那么就是和局。

这个游戏有如下 10 种可能的局面。

回溯分析的目标是将所有的游戏局面标上"胜""负""和"的记号。从定义上来说，在标记为"胜"的局面中，如果轮到的玩家下得好，那么无论对手怎么下，他都能获胜。在标记为"负"的局面中，轮到的玩家无论怎么下，如果对手下得好的话，那么他都没有办法避免败北。在标记为"和"的局面中，轮到的玩家在对手下得好的情况下无法取胜，但如果自己下得好的话，那么也不会输掉；在这种局面中，如果两位玩家都下得好，那么就会导向和局。回溯分析从最简单的局面开始，一步步回溯到更复杂的情况中。

根据游戏规则，局面 1 的标记是"和"。

局面 2 和 3 的标记是"胜"，因为如果剩下 2 枚或 3 枚棋子的话，那么轮到的玩家就能赢（只要全取就行）。

局面 4 的标记是"和"，因为如果轮到我的时候剩下 4 枚棋子，那么我可以拿掉 3 枚（从而导向和局），而不是拿 2 枚（否则对手就会赢）。

局面 5 的标记是"负"，因为如果轮到我的时候剩下 5 枚棋子，那么这不可避免地会将对手送入制胜局面（3 枚或者 2 枚棋子）。

局面 6 的标记是"和"，因为如果轮到我的时候剩下 6 枚棋子，那么我肯定更想和棋（取 2 枚棋子，剩下 4 枚）而不是输掉（取 3 枚棋子，剩下 3 枚）。就像英国跳棋那样，从局面 6 出发，两位棋手下得好就会和局。

因为局面 7 和 8 能到达"负"的局面 5，所以它们的标记是"胜"。

局面 9 的标记是"和"，而局面 10 的标记是"负"。

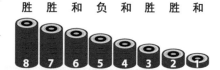

一旦标记过程结束，很容易就能下出完美的棋。如果你所在的局面是"胜"的话，那么必定存在一步棋，能将你的对手送进"负"的局面中，你就应该选择这一步。如果你所在的局面是"和"的话，那么你不能将对手送进"负"的局面，但至少可以送进一个"和"的局面，你可以选这一步。如果你所在的局面是"负"的话，那么无论你怎么下，对手都会处于"胜"的局面，于是可以将你重新送到"负"的局面，最后就会导致你落败。

理论上来说，这种标记方式对于跳棋、国际象棋、黑白棋等都可以实行。于是我们能确定，这些游戏都拥有最优策略，即使没人有能力将它们计算出来。有一个关键的地方要注意，为了知道初始局面的标记并得到完美策略，我们其实不需要标记所有可能的局面。的确，对于每一个"胜"的局面来说，我们只需要知道能将对手送进"负"的局面的一步，这样就可以忽略游戏中的所有其他可能性。

为了得到足够的信息来证明初始局面到底是胜、负还是和，还有之后的最优下法，需要进行相当精妙的标记计算。即使游戏所有局面的集合太大，不能进行完全的探索和标记，这个方法有时候还是可行的，而之前提到的所有游戏都符合这一点。

加拿大阿尔伯塔大学的研究团队刚刚成功完成了英国跳棋初始局面的标记。

他们证明了这个初始局面是"和"。为了得到这个结果，他们标记的那部分局面（10^7 个）相对于游戏的所有可能局面（5×10^{20} 个）来说微不足道，但如何明智地选择这些局面却是无比繁重的工作。

■ 先下后上

因为不可能用回溯分析直接回溯到初始局面来获得这个游戏的最优策略，于是研究人员从另一端开始，也就是从开局着手解决这个问题。

在回溯方法及其产生的数据库之上，我们再加上一种"前瞻"的新方法，它将搜索引向已标记好的那些局面，避免计算转到没有希望的方向上。我们的目标还是发现所有局面组成的博弈树的一部分，其中只包含那些标记被计算出来的局面，由此定义一个最优策略。我们注意到，证明一个给定的局面是胜、负还是和，不需要标记所有局面，而只需考虑那些根据游戏规则可以到达的局面。在"前瞻"方法中，我们不寻求标记所有局面，只需标记博弈树中可以被最优策略利用的那部分，而最优策略可以强迫对手无法离开这部分。更准确地说，在英国跳棋的情况下，最终被加拿大团队标记并储存的那部分博弈树包含了 10^7 个局面，是局面总数的十万亿分之一。

下面是用于计算最优策略的"前瞻"搜索的思路。一个名为"控制器"的程序会尝试从初始状态开始逐步生成一棵树，证明初始状态是胜、负还是和。控制器在每一步决定哪些局面值得继续衡量（有寻找准确标记的价值），然后在这些仔细挑选的局面上执行被称为"求解器"的程序，后者会尝试发现局面的标记。

控制器运作背后依靠的是启发式算法，它会以并非绝对准确的方式衡量某个局面值不值得分析，然后组织需要优先处理的计算。然而，启发式算法并不会影响最终结果的确定性。启发式算法能够引导我们用计算寻找可以证明初始局面标记的博弈树；一旦找到这棵树之后，不用启发式算法也能验证标记本身。启发式算法越好，就能越快找到最优策略。但无论好坏，最后找到的树都定义了一个最优策略，而且不会冒出错的风险。

这项研究用到的求解器有两类，它们之间的配合要无比默契。第一类求解器基于 Chinook 程序的一个老版本。通常，Chinook 程序会利用启发式算法，但这类方法不能保证准确无误地标记输入局面。然而在某些情况下，由此得到的结果会变得可靠，从而给出保证正确的标记。即使在不可靠的情况下，老版本的 Chinook 程序计算出来的信息同样有用，这些信息会被传递到控制器，用来重新考虑要处理的局面以及处理的次序。当第一类求解器给出的信息不够准确的时候，第二类求解器就会开始工作，后者基于日本东京大学的长井步的研究工作。就这样，要求解的全部子问题逐步变化，背后操控全局的就是控制器。它协调不同求解器处理的任务，然后从求解器收集信息，构建最优策略。

为了能更快完成计算，在计算的整体规划中也用到了一种逐步近似的方法。

3. 探索的一般框架

图中展示了加拿大阿尔伯塔大学的研究团队在计算英国跳棋初始局面的标记时进行的搜索。

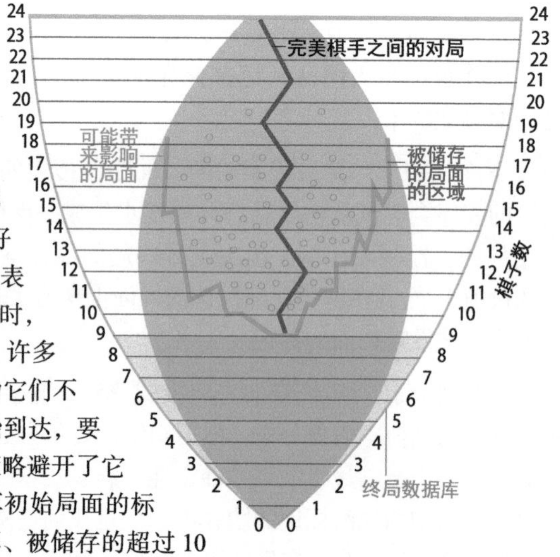

图中纵轴表示棋盘上棋子的数目，横轴表示总局面数的对数。黄色区域表示所有终局的集合（所有包含至多 10 枚棋子的局面），它们都已被计算、标记并储存好了。椭圆形的蓝色区域代表了在确定初始局面的标记时，真正用到的那部分局面。许多局面无关紧要，要么因为它们不能从游戏的初始局面开始到达，要么因为最终找到的最优策略避开了它们。小圆圈表示了在计算初始局面的标记时，那些标记已被计算、被储存的超过 10 枚棋子的局面。

完美棋手之间的对局

可能带来影响的局面

被储存的局面的区域

棋子数

终局数据库

首先，我们先不去搜索一棵确定好所有标记的树，而仅搜索接近正确的标记。这样找到的最优策略不能保证绝对正确，即使它可能已经是不错的下法。

这种近似策略引导我们进行第二步计算，得出更准确的标记。这样一来，标记中的错误一步步减少，最终在计算完结的时候，控制器得到了一组准确无误的标记，也就是稳妥的最优策略。

这一计算从 2007 年 4 月开始，持续了好几个月，计算被分配在五十几台机器上，它们同时进行必需的搜索计算。

这个方法有点像破解数独的方法。为了找到解答，需要大量的工作，利用各种技巧来进行推理，甚至需要直觉的帮助，有时还要冒险。然而，一旦我们得到答案，验证只需要对数据进行简单的机械检验，而不需要任何推理，也不再依赖于之前寻找答案阶段用到的那些也许不太完美的工具。整个方法最终是以下两者的结合：

❑ 首先，预先进行一些计算，将所有至多拥有 10 枚棋子的局面的标记计算出来，然后利用数据压缩技术将结果储存在庞大的储存空间中；

❑ 然后，进行另一组漫长的"前瞻"计算，这些计算由一个控制器指挥，在好几个月中占用了几十台计算机；为了尽快完成计算，控制器会利用各种近似方法和启发式推理。

理论上，只用到内存的方法也是可行的，对所有 5×10^{20} 种局面进行回溯分析就是这样。同样，单纯基于经典算法（即"无深度限制的极小极大算法"）进行延伸计算的"前瞻"方法也能导出完美策略。然而在现有的技术条件下，我们无法单独运用这两种"纯粹"的方法。我们最终需要设计并运行的是两者精微而复杂的结合体。

4. 搜索树的顶端

想确定初始位置的标记，就要对局面树的一部分进行标记。图中展现的就是这棵树的顶端。这里用到的标记没有框 2 中的那么精确，但也足够了。我们假设两位棋手的着法都是完美的。字母 N 表示和局；标记 <-N 表示要么这个局面是和局，要么黑方会输；->N 表示要么这个局面是和局，要么黑方会赢；最后，字母 P 表示黑方一定会输。棋子的移动用框 1 中图 b 的编号表示。没有探索的分支代表的就是那些对于计算初始局面标记的结论来说无须探索的可能着法。

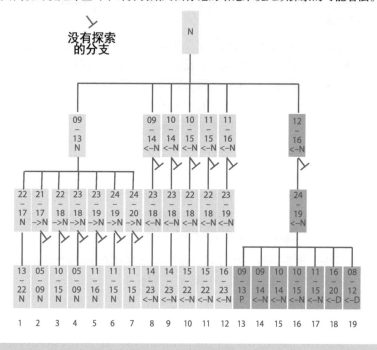

■ 机器证明的定理

最优策略的发现证明，在有两位完美棋手的情况下，英国跳棋的初始局面会导致和局。而这个发现来自自动化证明。

的确，说到最后，我们得到了一个新定理——"英国跳棋的初始局面是和局类型"——以及一个对该结果的证明，因为控制器找到的带有标记的树包含了所有证明这个定理所需的元素，也就是说，这个证明可以被独立验证（已经有人完成了验证）。相比其他用到计算机的庞大证明来说，比如四色定理或开普勒猜想，这一次有两个全新之处：

❑ 完成证明过程所需的复杂计算跨越了不少年头，并依赖了各种各样的计算机技术，这是前所未有的；

❑ 在证明的过程中，启发式算法从未如此不可或缺；这些启发式算法可被看作人类为了指导机器计算而给出的充满智慧的建议。在此之前，这类方法在自动证明的过程中常常缺席或只占次要地位。但这一次，假如没有启发式算法，证明就不可能实现。

英国跳棋的棋手积累了下棋的智慧，然后，这些智慧被表达成启发式算法。在研究人员开发的程序中，有多个层次都用到了这些方法，同时，人们常年在开发新方法和协调各种计算机技术上也积累了不少智慧，这二者结合起来，最终完成了这项计算。借助人类目前拥有的技术水平（除高速计算以外，还有数据储存技术），这项计算证明了一个结论简洁的数学结果。加拿大团队的研究成果并不意味着机器战胜了人类，这是人类自身的胜利。通过充分掌握自己建造的计算工具和储存工具，研究人员取得了伟大的成就，而这件事是任何人类单打独斗都做不到的，而没有经过精心编程的机器也不可能做到。廷斯利也许是英国跳棋的天才，但升级版的 Chinook 程序追上甚至超过了这位不败的王者。

■ 棋类游戏的未来

这类游戏的未来会怎么样？首先，英国跳棋的问题并没有被完全解决：我们还不知道对于所有可能布局的最优策略（但对西非播棋的研究已经解决了这一点），我们知道的只是标准开局的最优策略。这一点细微差异并非无足轻重，因为在人类选手参与的众多比赛之中，开局并非标准开局，而是随机抽取的已经移动 3 步之后的合理局面。要在这些比赛中立于不败之地，就需要确定大约 200 个局面的最优策略！

国际跳棋（法国跳棋）用的是 10 × 10 的棋盘，明显比英国跳棋更难，而在不远的将来，这种游戏似乎不太可能得到类似于加拿大团队的那种结果。

国际象棋的可能局面数大概是英国跳棋局面数的平方，我们就此能大概确定，想找到国际象棋的最优策略，可能需要更漫长的岁月。

迷人的谜题

算术和几何孕育了无数谜题。有些谜题历史悠久，吸引了一代代的数学爱好者，甚至还有数学家！最近，计算机在如何解决这些最困难的谜题上也有了发言权，比如有 16 个提示数字的数独问题，等等。

第 6 章

数独迷局

在数独方阵中放入 16 个提示数字，并不足以保证解法唯一。为了证明这一点，需要枚举所有方阵，这里要用到不少技巧，为的就是缩短计算时间。

有人以为，机器的运算能力可以让我们不用思考——这只是幻觉。对于数独中的"最少提示个数"问题来说，我们会看到，计算很快就会达到可行的界限，而为了超越这个界限，我们需要创造力、数学，还有相当大的耐性。

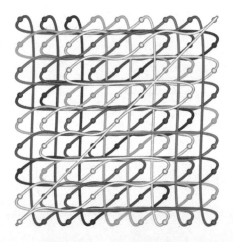

☉ 数独的直观表示
由让 - 弗朗索瓦·科隆纳绘制。
每种颜色表示一个数字。

我们来回忆一下数独的规则，顺便约定几个术语。一个"完整数独方阵"就是一个由 9 × 9 = 81 个方格组成的方阵，每个格子包含一个在 1 和 9 之间的数字，同时满足：

一、每一行和每一列都包含每个数字恰好各一次；

二、每个 3 × 3 的子方阵（将方阵切成 9 块所得，每块包含 9 个方格）都包含从 1 到 9 的数字恰好各一次。

对于一个部分填满的方阵，如果存在唯一的方法将它填完整——这是完成游戏的目标，那么它就是一个"合法数独问题"。要讲清楚一点，在数独中，机器能打败人类：很多程序都能让计算机的解题速度打败最优秀的人类玩家。无论问题有多难，最好的程序能在不到千分之一秒的时间内解答任何数独问题。所以说，人类玩数独只能是为了好玩。

当我们尝试编写数独题时，如果在格子里给出的数字太少，那么这个部分填满的方阵就不会是合法数独问题（只填一个格子显然就是这种情况），因为会出现多种可能的解答。在报纸里登载的数独通常有 25 个左右已经填好的格子。但我们知道，有一些合法数独问题只包含 17 个提示数字（见框 1）。

于是，最小提示数目的问题就成了：**合法数独问题至少需要多少个提示数字**？

17 个提示数字的例子告诉我们，这个最小值至多是 17。人们对包含 16 个提示数字的合法数独问题搜寻了很长时间，却没有成功，于是，人们猜想这个答案就是 17。

■ 最少是 16 个，还是 17 个？

这个问题一直悬而未决，直到 2011 年 12 月，爱尔兰都柏林大学的加里·麦圭尔和他的团队给出了答案。在持续一年的计算里，花费了相当于单一处理器 800 年的计算力之后，他们得出的结果就是：拥有 16 个提示数字的合法数独问题不存在，所以，合法数独问题的最小提示数目就是 17。

---

1. **有趣的数独**

图 a 是包含 17 个提示的数独方阵，它只有一个解答，就是图 b。这类数独带来了一个问题：我们能不能省去更多的提示，只在方阵中给出 16 个提示数字，就能保证解答的唯一性？加里·麦圭尔及其团队的计算证明了，想确保解答的唯一性，至少要给出 17 个数字。然而有时候，17 个提示并不足够。图 c 里的数独就是 18 个提示才足够的例子——任何一个包含 17 个提示的数独问题都是不合法的。这个数独方阵还展示了在麦圭尔的程序核心中"不可避免子集"方法的力量。

考虑图 c 左上方黄色一列 3 个数字 (1, 4, 7) 和靠近中间黄色一列 3 个数字 (4, 7, 1)，将它们交换就能得到一个完整的新数独方阵。这证明了，所有能得出这个方阵的数独问题都应该包括这 6 个格子中的一个。对于 (4, 7, 1) 这一列和右面黄色一列 (7, 1, 4) 来说也是如此，而 (1, 4, 7) 和 (7, 1, 4) 两列同样如此。由此可知，在以这个方阵为唯一解的任何数独问题中，上方这 9 个黄色方格中至少有 2 个格子要作为提示给出。对于上方其他同色方格（绿色或红色）来说也是这样，同法推理也能应用到中间和下方的方格上。这里总共就有 9 组方格，每组 9 个方格，而每组方格至少包含 2 个提示。所以，所有能得出图 c 方阵的数独问题都至少包含 18 个提示数字。于是，在这个特殊情况下，不存在只有 17 个提示数字的合法数独问题。对于任意的完整方阵，都可以证明合法数独问题至少拥有 8 个提示数字。如果数独问题只包含 7 个甚至更少的提示数字，却要得出一个给定的完整方阵 G，那么问题提示中不会提到 2 个数字，如 8 和 9。如此一来，这 7 个提示无法将目标完整方阵 G 和通过调换 8 和 9 得到的方阵 G′ 区分开来。所以，7 个提示不能构成合法数独问题。

目前，这样的数学推理并不能让研究走得更远，我们甚至不知道如何在不利用机器的情况下证明 8 个提示不可能构成合法数独问题。

a

1						5	2	
				7	8			
						6		
	9			4				
			5			1		
	7							
		6	2					
	4						7	8
								3

b

1	6	8	4	9	3	5	2	7
4	5	2	6	7	8	3	9	1
9	7	3	5	2	1	6	8	4
6	9	3	8	4	1	7	5	2
8	2	4	5	6	7	9	1	3
5	1	7	3	2	9	4	6	8
7	8	6	2	3	4	9	1	5
3	4	9	1	6	2	7	3	8
2	1	9	7	5	6	8	4	3

c

1	2	3	4	5	6	7	8	9
4	5	6	7	8	9	1	2	3
7	8	9	1	2	3	4	5	6
2	3	4	5	6	7	8	9	1
5	6	7	8	9	1	2	3	4
8	9	1	2	3	4	5	6	7
3	4	5	6	7	8	9	1	2
6	7	8	9	1	2	3	4	5
9	1	2	3	4	5	6	7	8

这是一个数学定理。由于在所有关于数独的数学问题中，人们对这个问题花了最多的心血，所以称之为"数独定理"。一个证明最终让它拥有了自己的姓名，而这里采用的正是越来越常见的计算机证明（其他

例子见框 2）。各个计算步骤的细节还没有被公开发表，因为这将是一份连篇累牍的文件，所以，该证明的论文只描写了用到的方法，描述并证明了一些有用的纯数学命题，但论文的内容不足以验证定理本身，除非重新编写程序并进行计算。

此前，这篇论文的几个早期版本就能在网上找到了，但直到 2014 年 6 月 12 日，最终版本才发表在《实验数学》（*Experimental Mathematics*）期刊上。尽管论文已经正式发表——这对于数学结果被严肃承认来说至关重要——而且另一个团队在 2013 年 9 月完成了对计算的验证，但是有些研究人员，比如美国南卡罗来纳大学的乔舒亚·库珀，还是怀疑该定理的"合法地位"，因为它的"证明"很特殊，难以排除所有错误。我之后会再谈到这一点。

我们先来介绍麦圭尔和其他尝试解决这一问题的研究人员用到的证明方法，其中，一些因素十分关键：初步数学分析、与其他团队的协作（合作方完成了其他繁重的计算，并将一些程序转交给麦圭尔）、必不可少的严谨的方法论、在编程和实现计算时必需的精巧技术以及超乎想象的庞大计算量。

2. 计算机证明

借助计算机来证明数学结果，这种情况现在越来越多。通常，计算机唯一介入的地方就是，人们在手算证明一些纯粹的数学结果之后，会把基于数学之上的算法托付给机器。数独的 17 个提示定理的证明也是这样。

依靠计算机计算来证明定理，这通常会让人觉得不够满意，因为一来没有人类能单独检验证明，二来，这些程序和它们的计算有可能出现各种错误。为了减少出错，人们发明了用计算机进行"形式证明"的方法，可以大大减少相应的风险，甚至在某些情况下，这种方法比人类实现的证明更能保证其正确性。人们编写了一些"证明辅助工具"，数学家能用这些特殊软件一步步写出证明的每个步骤，不会忘记其中任何一步，而这种疏失却有可能在人类利用各种捷径完成证明时出现。

完整的证明会由其他独立而严谨的程序进行验证——这项工作会交给几个不同的验证程序进行。这些验证程序自身也已经通过了非常严苛的检查，"证明"它们能正常运转。这样一来，我们就能近乎完美地确定证明的正确性。

在所有经受过证明辅助工具验证的定理之中，有两个特别引人注目。第一个是"四色定理"：所有平面地图都可以用四种颜色染色，使得相邻国家的染色都不相同。该定理的证明在 1976 年完成，在 2005 年由法国国家信息与自动化研究所的团队完成了形式验证。

另一个是托马斯·黑尔斯的定理，它解决了有关球体最密堆积的"开普勒猜想"（见右图）。1998 年黑尔斯和他的团队证明了这一猜想，然后在 2014 年完成了形式验证。

遗憾的是，麦圭尔在证明数独定理时，可能在很长时间内也无法应用证明辅助工具，因为这里所需的计算量相当庞大，所以，假如没有数学上的新进展的话，那么相应的形式证明只能是在更严谨的框架下重复计算，这样才能避免错误，而这需要更大的计算量，用现在的技术是办不到的。

问题在于：是否存在一个完整数独方阵 G，使得我们从中抽取 16 个提示数字，在由它们组成的数独被（按照游戏规则）解决后，必然得到原来的方阵 G？

解决这个问题的方法分三个步骤：(A) 枚举所有完整的数独方阵；(B) 对于每个完整数独方阵，考虑所有抽取 16 个提示数字的方法；(C) 对于所有这样组成的包含 16 个提示的数独问题，运行某种数独解题程序，来找到至少两种不同的解答。

如果所有完整数独方阵都能通过这项测试，那就证明了 16 个提示数字不够，17 个才是正确答案。但按照我刚才说的方法直接进行计算的话，这要花上几个世纪。

有三个想法能够减少计算时间，而且如果运用适当的话，就能将计算时间压缩到合理的范围内。

(A) 限制对完整数独方阵的枚举。

(B) 寻找一种方法，避免枚举在 81 个元素中选出 16 个元素组成的所有子集，因为这样的子集太多了！

(C) 利用最有效的算法测试某个数独问题是否只有一个正确解答。

完整而智能的方阵目录

我们注意到还有一种可能方法：(A′) 枚举包含 16 个提示的所有数独问题；(B′) 证明每一个问题都有多个解答。然而，能大幅减少步骤 (B) 中的计算（之后会再解释）的"不可避免集合"理论，让三步走 (A - B - C) 的方法比两步走 (A′ - B′) 更加高效。

完整方阵的总数在 2003 年就由马克·布拉德尔计算出来了，但在 2006 年，贝尔特拉姆·费尔根豪尔和弗雷泽·贾维斯才在一篇文章中解释了它。这个数无比庞大，等于 $9! \times 2^{13} \times 3^4 \times 27\,704\,267\,971 = 6\,670\,903\,752\,021\,072\,936\,960 = 6.6... \times 10^{21}$。

这个数量级相当于所有计算机设备（包括手机）储存空间的总和，而这些设备加起来大概每秒能执行 10^{21} 条指令。这些数不太精确，特别是，我们不可能知道哪些机器已经不能运作了，但如果允许 0.1 倍到 10 倍以内的误差，那么这些数就能指出我们目前的情况。

要对数独方阵进行计算，确定它能否导出一个 16 个提示的合法数独问题，这是个繁重的工作。如果直接计算的话，那么即使将地球上所有计算工具都投入进来，也根本不可能解决问题。如何减少需要考虑的方阵数目，这就是数学能帮助麦圭尔团队的第一点。如果在一个完整的数独方阵中，将所有 1 换成 9，将所有 9 换成 1，那么就会得到另一个完整的数独方阵。如果第一个方阵拥有含 16 个提示的合法数独问题，那么第二个方阵同样如此：将第一个方阵的合法数独问题中的所有 1 换成 9，所有 9 换成 1，就得到了第二个方阵的一个合法数独问题。所以，我们只需要研究两者之一。对换 1 和 9 并不是得到等价方阵的唯一转换方法。实际上，所有 1, 2, …, 9 这 9 个数字的置换都能以一个完整方阵为起点构筑另一个完整方阵，而且两个方阵是等价的。对于每个完整方阵，这一过程会给出 $9! = 9 \times 8 \times 7 \times 6 \times 5 \times 4 \times 3 \times 2 = 362\,880$ 个等价方阵。看看，这已经大大简化了所需的计算。

然而，数字之间的置换也不是得到等价方阵的唯一方法。在应用到完整数独方阵上时，下面几种操作也能得到等价方阵。

❑ 选择两个水平区域并将它们交换。水平区域是指三个横向紧挨在一起的 3 × 3 方阵（有三个水平区域：上方、中间和下方）。

- 选择两个垂直区域并将它们交换。垂直区域是指三个竖向紧挨在一起的 3 × 3 方阵（有三个垂直区域：左方、中间和右方）。
- 交换同一水平区域的两行。
- 交换同一竖直区域的两列。
- 对方阵进行转置（第一行变成第一列，第二行变成第二列，等等）。

⊙ 两个"不可避免集合"

两个"不可避免集合"在方阵中用蓝色和橙色标记出来。每个集合都需要包含至少一个提示数字，数独才有可能有唯一解。

到了最后，一个完整方阵会与其他大量的方阵等价。这些方阵可以分成不同的类别，只需在每个类别中处理一个方阵就够了。

利用伯恩赛德引理等群论工具，我们能知道不等价的完整方阵的确切数目：$5\ 472\ 730\ 538 \approx 5.5 \times 10^9$。

美国电话电报公司（AT&T）实验室的研究人员格伦·福勒编撰了完整的数独方阵目录，其中在每个等价类别中只取一个方阵。为数独方阵专门设计的压缩算法能将福勒的目录储存在 6 GB 的空间中——这相当了不起了，因为这个算法储存一个方阵只需大概一个字节（8 比特）。

■ 寻找"不可避免集合"

如果不用点手段的话，那么对于保留下来的每个方阵，我们需要检查从中抽出 16 个提示的所有方式。但从 81 个格子中取出 16 个的方式一共有 $33\ 594\ 090\ 947\ 249\ 085 \approx 3.4 \times 10^{16}$ 种。这就引出了大量的数独问题，每解一个问题都会发现至少两个解答。这个数目非常庞大，它等于：

5 472 730 538 × 33 594 090 947 249 085 =

183 851 407 423 359 414 572 057 730 ≈ 1.8 × 10^{26}

这个数远远超过了可以实现的范畴，就算用上地球上所有的计算能力也无法实现。在这里，数学又提供了一个有趣的想法，那就是"不可避免集合法"。我们用图中的完整方阵 G 来解释这种方法。要构造一个解答为 G 的合法数独问题，提示数字之一必须出自方阵上方 4 个蓝色方格之一。这是因为，另一个很相似的完整方阵 G′ 可以仅通过交换 4 个蓝色方格中的 9 和 5 得到。如果数独问题在这 4 个格子中没有提示数字的话，就不可能知道解答到底是 G 还是 G′，也就是说，这不是合法问题。对于 6 个橙色格子来说也是如此：将 2 个矩形中的 3 个数字 (7, 2, 1) 和 (1, 7, 2) 交换，就能得到另一个完整方阵 G″；如果 6 个格子中不包含至少一个提示的话，那么就无法排除 G″ 的可能性。

这样的集合就叫作"不可避免集合"。如果对于一个完整方阵 G 来说，我们能找到 k 个不可避免集合。假如它们之间没有交集的话，那么我们就能肯定，拥有唯一解 G 的所有数独问题都包含每个不可避免集合中的至少一个方格，也就是说，至少有 k 个提示数字。当某些不可避免集合有交集的时候，情况会更复杂一些，但同样会给出所有导向 G 的数独问题的最少提示个数。

数独猜想的历史

麦圭尔及其团队对数独的 "最少提示个数" 问题的研究始于 2005 年，当年，他们实现了最初的程序，搜索给定完整方阵包含的所有合法数独问题。

但直到 2009 年，麦圭尔和他的同事们才意识到有可能实现这个问题的解答，然后才开始着手系统性工作。当时，戈登·罗伊尔编集了包含 17 个提示的各种合法数独问题的列表，同时也在搜寻只包含 16 个提示的合法问题，但一无所获。在这种情况下，16 个数字不足够的猜想貌似更有可能。有一个数独方阵相当引人注目（见下图），它拥有 29 个不同的包含 17 个提示的合法数独问题，而我们到今天也还没有找到任何完整方阵能拥有 30 个包含 17 个提示的合法数独问题。这个方阵拥有大量包含 17 个提示的合法数独问题，因此，人们曾经希望能从中抽取一个只包含 16 个提示的合法问题，却空手而归——人们觉得，找到了肯定猜想的证据。在得到 "至少需要 16 个提示" 的结果之前，奥地利格拉茨大学的一个研究团队在 2008 年用计算证明了 11 个提示并不足够。这个团队为了证明 12 个提示不足够而进行的计算半途而废了。这说明，我们离目标还很远。但要记住，纯数学的推理最多只能证明需要 7 个提示（见框 1），所以，计算机证明走在了前头。

在 2008 年，一位 17 岁的少女提出了一个关于 16 个提示不足够的数学证明，但人们很快发现，她的推理中有错误。在 2010 年，台湾交通大学的研究团队尝试利用分布式计算解决 16 个提示的问题。该团队的计算表明，利用他们手头上的工具，这个问题可以通过 2400 "处理器年"的计算量来解决，这相当于 2400 台台式计算机在一年内的计算量。整个计算在 2013 年 9 月完成（落于麦圭尔之后）。

麦圭尔的团队的计算历程跨越了整个 2011 年，总量相当于 800 处理器年。每个完整数独方阵的处理时间都被记录了下来。平均来说，每个方阵需要 3.6 秒来处理。记述这项结果的文章发表于 2014 年。

6	3	9	2	4	1	7	8	5
2	8	4	7	6	5	1	9	3
5	1	7	9	8	3	6	2	4
1	2	3	8	5	7	9	4	6
7	9	6	4	3	2	8	5	1
4	5	8	6	1	9	2	3	7
3	4	2	1	7	8	5	6	9
8	6	1	5	9	4	3	7	2
9	7	5	3	2	6	4	1	8

◉ 这个数独拥有 29 个包含 17 个提示的合法问题。

最后的冲刺

就这样，处理完整方阵 G 并证明它的合法问题至少需要 17 个提示，这项工作归结于寻找并利用尽可能多的不可避免集合。在各种尝试之后，研究人员采用了以下策略，并将它应用到福勒列表中 55 亿个完整方阵的每一个身上。

一、利用所需的算法，确定所有少于 13 个格子的不可避免集合。如果寻找不可避免集合时不限制集合大小，尽管初看起来更好，却会使计算总量增加。

二、从中得出（仍然利用算法）对于这一族不可避免集合来说，所有可以接受的拥有 16 个提示的数独问题，也就是在每一个不可避免集合中都有至少一个提示的数独问题。这部分留下来的数独问题远远少于全部 3.4×10^{16} 个仅包含 16 个提示的问题。平均来说，每个完整数独方阵拥有 360 个少于 13 个格子的不可避免集合。

三、对于剩下的数独问题来说，采用一个测试程序弄清它们是否只有唯一的解答。要设置并编写出效率最高的程序，就需要推导一些有关不可避免集合的数学结果，而在算法的实现中也要特别小心、细致。

麦圭尔团队的程序质量很高，他们最终在与中国团队的竞争中获胜（中国团队在一年后得到了相同结果）。然而，中国团队的计算并没有白费，因为他们得到了同样的结果，所以能肯定 17 的确是合法数独问题所需的最少提示个数。

整套方法的最后一部分需要用到数独解题程序，这种程序必须能指出，某个数独问题因为拥有多个可能解答所以不合法。研究人员之间的无偿分享精神，在这里发挥了积极作用。麦圭尔的团队觉得，与其开发自己的数独解题程序，不如在已开发的程序中找到最好的一个。他们的选择是布赖恩·特纳的一个开源软件（可以自由使用、核查和修改代码的软件）。特纳是谷歌工程师，在业余时间以编写游戏程序为乐。这个程序的速度非常快，被继续优化之后，它能在一秒钟内测试 50 000 个包含 16 个提示的数独问题。在所有部件各就各位并通过验证之后，研究人员开始在完整方阵列表中搜索包含 16 个提示的合法数独问题。在经过一年计算后，他们终于得出了结论：这样的问题不存在！

■ 一锤定音？

然而，为了成功证明"数独定理"，研究人员这种利用计算机协同工作的好办法也带来了一个问题：这个计算建立在一系列巧妙的程序上，在数百个不同的处理器上运行了一整年，并且只被验证过一次，用的还都是相当类似的方法，我们能信任这样的计算吗？我们难以百分之百地确定，问题在于计算本身的性质——计算机对包含 16 个提示的合法数独问题进行了一场未果的搜索。一般情况下，如果计算机在找到某个问题的解答后，且该解答可以用比搜索算法更快的方法来验证的话（就像搜寻超大素数的情况），那么我们没什么理由怀疑解答的正确性。进行搜寻的第一个程序的代码可能有问题，程序也可能因为内部漏洞或操作系统漏洞而出错，另外，程序还可能忽视了程序员希望进行的某部分搜索，等等。但如果在计算之后，我们能用其他程序来进行迅速而独立的验证，那就没有问题。预备阶段的计算可能需要很多时间，但这无所谓，因为它与数学上的确认无关。

但在这个问题上，情况反过来了：整个程序用了一年的时间来搜索某种东西，但没有找到，而我们需要确定没有漏掉任何东西。于是我们必须确定，用到的每一处数学的理解和应用都是完美的，而在编写这些程序时不能出任何差错，在计算机操作系统中也不能出现漏洞（这可能会让程序执行跳过某部分指令）；另外，每一个瞬间的计算都应该按部就班，没有被硬盘故障或者宇宙射线干扰。这些担忧都是可以理解的。

只有继续研究这个问题，建立新的数学或者技术方法，进行其他验证（尽可能利用更快或独立的程序），我们才能获得确定性。证明辅助工具（见框 2）在这里没什么用，因为这种方法太慢，而且，即使对于证明辅助工具来说，确认上述计算也需要重新进行计算。计算机神通广大，但我们也要认识到在"不存在性"的计算机证明中可能出现的错误，我们不能将它与"存在性"证明一视同仁。

第 7 章

汉诺塔，不仅仅是小朋友的游戏

爱德华·卢卡斯（1842—1891）在 1883 年发明了汉诺塔游戏，这个谜题揭示了大量数学课题之间的联系，包括算术、图论、分形，等等。

有些人会按照严肃性或者"深刻"意义来划分数学思想和领域：一部分是真正的数学，既困难又充满挑战，专业数学家对此感兴趣，其地位由少数精英决定；另一部分则是与数学相关的休闲、游戏、娱乐和消遣，它们涉及简单的组合课题，数学水平不一的爱好者就利用空闲时间来解决这些无关紧要的问题。

在现实中，差别不那么显著。历史告诉我们，值得职业数学家注意的问题和激情澎湃的外行爱好者的消遣之间并没有明显的界线。费马大定理一开始只是个不起眼的算术问题；在人们承认它给数学家出了个真正的难题之前，$3x + 1$ 猜想也只是个让人心烦的游戏。现在，有关逻辑和算法的课题占据核心位置，也只是因为人们理解了，要避免数学家没有注意到的不一致性，就必须很好地掌握这些课题。比如说，当在现实实践中偶然碰上"P = NP?"这个问题时，人们发现它处于一个真正的研究领域的核心。实际上，它作为核心问题的重要性，让美国克雷数学研究所将它列入 7 个最重要的数学问题，并承诺向能解开这个问题的人提供 100 万美元的奖金。在数学中，所有问题都是严肃的，而所有未解难题都突显了目前认知的弱点，忽略它们是荒唐的。

如今，爱德华·卢卡斯的知名度主要来自其两项数学工作。一系列数论结果应该归功于他，其中包括几个能判定某个数是否为素数的算法。直到今天，还有人使用素性检验的几种变体，以打破最大已知素数的纪录[①]。

除了这个著名的课题以外，在 1883 年，卢卡斯还发明了"汉诺塔"这个数学游戏，它引出了 300 多篇研究论文，有 4 位研究者还在 2013 年写了一本以此为主题的著作（见参考文献）。我们现在就展示一下这个美妙难题的各方各面。

---

① 截至本书出版时（2020 年 4 月），已知最大素数的纪录已被刷新为 $2^{82\,589\,933} - 1$，是一个约 2486 万位的素数。——译者注

这个游戏包含 3 根竖杆和 n 个中间穿孔的圆盘，圆盘的直径是 d_1，d_2，$\cdots$，d_n（按降序排列），它们被串在名为 A、B 和 C 的这 3 根杆上。

一开始，这些圆盘被从小到大串在 A 号柱上。游戏的目标就是将这些圆盘移动到 C 号柱上，同时要遵守下面两条规则：

1. 每次只能移动 1 个圆盘，而且它必须来自 A、B、C 三叠的最上方；
2. 在移动圆盘时，应该将圆盘放在另外两叠的顶端，而且下方圆盘的直径要大于被移动圆盘的直径。

因此，在移动过程的每一步中，位于 A、B 和 C 的 3 叠圆盘的直径必定从下到上递减。游戏的目标是将圆盘从 A 移动到 C，但我们也想知道最好的移动方法，也就是移动次数最少的方法。

1. 爱德华·卢卡斯，充满发明精神的数学家

爱德华·卢卡斯在 1842 年出生于法国亚眠。有一次，他遇到了路易·巴斯德（法国著名生物学家，曾任法国巴黎高等师范学院校长），对方建议他入读法国巴黎高等师范学院，而不是巴黎综合理工学院。从巴黎高等师范学院毕业之后，他在于尔班·勒威耶的指导下任职于巴黎天文台。之后，他成为巴黎圣路易中学的教师。在 1891 年马赛的一场宴会上，一位侍者不小心打翻了一叠盘子，碎片伤到了卢卡斯头部，之后他就因感染而与世长辞。

他在数论方面的工作集中于斐波那契数列，他推广了这个概念，并给出了"卢卡斯数列"。他发现了一些测试素数的方法，这让他能证明 $2^{127} - 1$ 是一个素数（也是当时最大的已知素数）。今天，人们还在利用他的测试方法来打破素数的纪录。

有些谜题，比如滑块或者九连环，其具体来源已不可考，但汉诺塔的起源貌似有理有据。卢卡斯发表过一本名为《汉诺塔》（*La tour d'Hanoï*）的小册子，并在书中描述了这个游戏。书的副标题有点奇怪——"来自土星的游戏，由（来自暹罗的）达官 N. Claus 自东京 ① 带来"。正文中提到 N. Claus 是 "Li-Sou-Stian" 学院的官员。我们从中能认出卢卡斯（Lucas）名字的易位词（Claus），还有圣路易（Saint-Louis）的易位词（Li-Sou-Stian），毫无疑问，这指出了这个游戏的发明者就是爱德华·卢卡斯。

---

① 东京（Tonkin，即东京保护国）是越南北部在法国殖民地时代的法语名称，也是当时河内的旧名。——译者注

↑ 西莫南 – 屈尼于 1898 年至 1904 年之间制作的游戏箱（图左）；爱德华·卢卡斯以及小册子《汉诺塔》的第一页（图右）。

■ 最优解

当 $n=1$ 时，只需要一次移动：A → C。当 $n=2$ 时，三次移动就够了，并且是必需的：A → B，A → C，B → C。在考虑 n 个圆盘的一般情况之前，我们注意到，在交换柱子的名字之后，将一叠 n 个圆盘借助 B 号柱从 A 号柱移动到 C 号柱的最优方法，就是将一叠 n 个圆盘借助 Z 号柱从 X 号柱移动到 Y 号柱的最优方法。推理的微妙之处在于，要证明在最优解中最大的圆盘 d_1 只会移动一次，也就是从 A 移动到 C。因为证明有点长，所以我们在这里没有写出具体证明，但要知道该证明是必需的。

如果承认这个结果的话，那么就可以推出 n 个圆盘的最优解法的组成。首先执行将 $n-1$ 个圆盘借助 C 号柱从 A 移动到 B 的最优解法，然后将 d_1 从 A 移动到 C，最后执行将 $n-1$ 个圆盘借助 A 号柱从 B 移动到 C 的最优解法。如果我们将 n 个圆盘最优解法的移动步数记作 $s(n)$，那么就有：

$$s(1) = 1,$$
$$s(n) = 1 + 2s(n-1) = 1 + 2 + 4s(n-2) = 1 + 2 + 4 + 8s(n-3) = \cdots$$
$$= 1 + 2 + 4 + \cdots + 2^{n-1} = 2^n - 1$$

所以，最少的移动步数就是 $2^n - 1$，以指数形式增长。之前提出的推理告诉我们应该怎么做，用直接的记号写出来就是两个等式：

$$\text{Step}(1\ \text{A} \rightarrow \text{C aux B}) = [\text{A} \rightarrow \text{C}],$$
$$\text{Step}(n\ \text{A} \rightarrow \text{C aux B}) = [\text{Step}(n-1\ \text{A} \rightarrow \text{B aux C})\ \text{Step}(1\ \text{A} \rightarrow \text{C aux B})$$
$$\text{Step}(n-1\ \text{B} \rightarrow \text{C aux A})]$$

在这里，$\text{Step}(n\ \text{X} \rightarrow \text{Y aux Z})$ 就是将 n 个圆盘借助 Z 号柱从 X 号柱移动到 Y 号柱的具体步骤。

这就是解决汉诺塔问题的最优解算法的递归定义，"递归"是因为定义本身需要调用自身，但就像数学归纳法那样，将 n 换成了 $n-1$。

2. 合法局面图

我们可以用下面的方法记录局面：将柱子分别记作 A、B 和 C，我们在一个 n 元组中记录 n 个圆盘的位置，其中第 i 个符号给出了圆盘 d_i 的位置。如此一来，三元组 CBA 表示了一个 3 个圆盘的合法局面，其中圆盘 d_1（最大的圆盘）位于 C 号柱，圆盘 d_2 位于 B 号柱，圆盘 d_3 位于 A 号柱。

图 a 展示了所有可能的位置。在 3 个圆盘的情况下，开局是 AAA（3 个圆盘都位于 A 号柱），终局是 CCC（3 个圆盘都位于 C 号柱）。最优解的路径就是沿着三角形右边沿从上到下：AAA - AAC - ABC - ABB - CBB - CBA - CCA -

CCC。对圆盘数越来越多的情况画出同样的图，图本身就会收敛到谢尔平斯基地毯这个分形上（见图 b）。

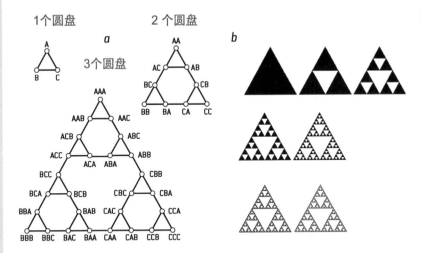

对于 4 个圆盘的情况（图 c），我们会立刻发现不可能找到更短的路径。但是，有时候跟人们的预想不同，并非所有解法都能将最大的圆盘从 A 移动到 C（也就是 ABBB – CBBB 这条边）：先经过三角形的左边沿再经过其下边沿的路径就不包含将最大的圆盘从 A 移动到 C 的步骤。

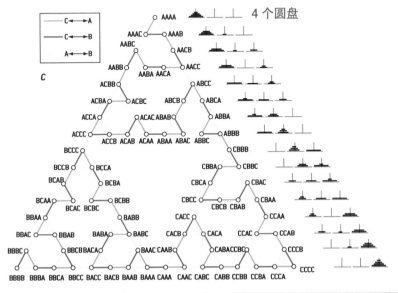

我们很容易想象这个图在 n 个圆盘的情况下的一般形式，而这个可能局面的图也解答了许多问题（之后人们也证明了这些结论）。下面就是几个从对图的检验中得出的断言。

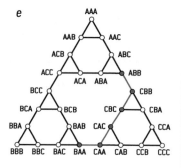

- 两个合法局面之间必定存在一条路径，至多需要 $2^n - 1$ 步移动就可以从一个局面移动到另一个局面。
- 有时，两个局面之间存在两条不同的最短路径，图 d 中的 BAA 和 ABA（绿色）就是这种情况，连接它们的是两条长度为 6 的不同路径（分别为红色和蓝色）。
- 有时，两个局面之间的最短路径需要将最大的圆盘移动两次（比如图 e 中 BAA 和 ABB 之间的路径）。
- 从图中删去一条边不会把图分成不相连的两部分，但删去两条边就有可能将图分成不相连的两部分。
- 存在（唯一）一条从开局移动到终局的路径，经过所有合法局面，但不会经过同一个局面两次（这种路径又叫"哈密顿回路"）。

最惊人的是，图 f 中的哈密顿回路就是只允许 A 和 B 之间以及 B 和 C 之间双向移动的汉诺塔问题的最优解。出人意料的是，如果禁止所有 A 和 C 之间的双向移动，我们仍然可以将一叠 n 个圆盘从 A 移动到 C，而这需要经过游戏的全部 3^n 个局面。

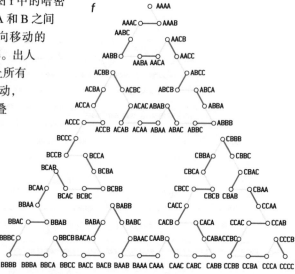

■ 计算机解题

今天的编程语言通常能直接编写用这种方式定义的算法。比如，Prolog 语言就能编写出一种跟前面提到的方法非常相似的算法。下面就是给出问题最优解法的 Prolog 程序：

```
Step(1, A, C, B) :-write(' 从 '),
write(A), write(' 移动到 '), write(C).
Step(N, A, C, B) :-N > 1, M is N-1, Step(M, A, B, C),
Step(1, A, C, B), Step(M, B, C, A).
```

要想在 10 个圆盘上执行这个程序，我们只需要向 Prolog 输入 Step(10, pA, pB, pC)，意为"要将 10 个圆盘借助 B 号柱从 A 号柱移动到 C 号柱，应该怎么做？"然后程序就会指出应进行的每一步移动。比如，当 $n = 3$ 时，它会在屏幕上显示最优解的 7 次移动：从 A 号柱移动到 C 号柱，从 A 号柱移动到 B 号柱，从 C 号柱移动到 B 号柱，从 A 号柱移动到 C 号柱，从 B 号柱移动到 A 号柱，从 B 号柱移动到 C 号柱，从 A 号柱移动到 C 号柱。

● 汉诺塔
共 8 个圆盘。

这种几行就能写完的程序让汉诺塔问题广为流行，即使当 $n = 10$（需要 1023 步）甚至 $n = 20$（需要超过 100 万步）时也能由此得到答案。要理解递归编程，没有什么比爱德华·卢卡斯的这个谜题更合适了！

■ 手算解题

相反，如果要在例如 $n = 8$ 个真正的木制圆盘上分毫不差地执行最优的所有正确移动（共 255 次），那么递归定义就不太合适了：你很快就会迷失在调用各种最优解中，到底是调用 $n - 1$ 个圆盘的，还是调用 $n - 2$ 个圆盘的，等等。于是人们寻找了更简便的方法。在实际操作中，下面的方法最简单。

- 先移动最小的圆盘，然后移动并非最小的圆盘（只有一种方法），如此循环重复。
- 最小的圆盘可以移动到另外两根柱子中的任意一根上，要知道如何移动它，可以应用下面的规则：如果 n 是偶数，那么我们将最小的圆盘从 A 移动到 B，或者从 B 移动到 C，或者从 C 移动到 A（也就是说按照 A→B→C→A→B→C……循环移动）；如果 n 是奇数，那么我们就按反方向移动（A→C→B→A→C→B……）。

除了 n 的奇偶性（为了确定应该按 ABC 还是 ACB 方向移动），以及已移动步数的奇偶性（为了确定应该移动最小的圆盘还是另一种选择）以外，该方法不需要任何记忆。

下面是第二种手算解法。

- 如果 n 是偶数，那么循环进行以下唯一可行的移动：(1) 在 A 与 B 之间移动；(2) 在 A 与 C 之间移动；(3) 在 B 与 C 之间移动。
- 如果 n 是奇数，那么循环进行以下唯一可行的移动：(1) 在 A 与 C 之间移动；(2) 在 A 与 B 之间移动；(3) 在 B 与 C 之间移动。

第三种解法需要区分编号为奇数和偶数的圆盘（比如说我们可以把偶数号圆盘涂成黑色，奇数号圆盘涂成白色），然后根据下面两条规则来决定我们要进行的移动：

- 如果 n 是奇数，那么第一步移动就是从 A 到 C，否则从 A 到 B；
- 当进行其他移动时，不要与前一步相反，也不要将圆盘放到奇偶性相同的另一个圆盘上。

■ 性质虽奇妙，却可以证明

我们注意到，如果 n 是偶数，那么所有偶数圆盘都会按同一个方向 A→B→C→A→……循环移动，而所有奇数圆盘就会按反方向循环移动。如果我们中途停下，还没有偏离最优解，但不记得最后一步是哪个移动，那么这个观察结果就很有用，能让我们正确地继续进行最优解的移动。比如说，如果你在局面 $[d_1d_6, d_3d_4d_5, d_2]$ 处停下来了，那应该怎么做？因为 n 是偶数，所以 d_1、d_3、d_5 应该按 ACB 的顺序循环移动，而 d_2、d_4、d_6 则应该按 ABC 的顺序移动，这样一来，只有 d_6 可以从 A 移动到 B，这也就是下一步应该进行的移动。

最优解的移动序列中还有个引人注目的性质：如果将圆盘从 0 开始从小到大编号，那么在第 p 步被移动的圆盘的编号，就是我们能用 2 连续整除 p 的次数。

所以，第一步被移动的圆盘编号是 0（因为 $p = 1$ 不能被 2 整除），第二步被移动的圆盘编号是 1（因为 2 能被 2 整除恰好一次），第三步被移动的圆盘编号是 1（因为 3 是奇数），第四步移动的圆盘编号是 2（因为 4 能被 2 连续整除两次），如此等等。

安德烈亚斯·欣茨等人的书中详细描述了汉诺塔和施特恩－布罗科数列、斐波那契数列、格雷－格罗数列、帕斯卡三角形等课题之间的关系。书中说明了，卢卡斯的游戏中的圆盘移动的序列组合十分丰富，并且与许多其他问题紧密联系。与这个谜题有着古怪联系的数学对象中，有最简单的分形之一，就是我们之后会看到的谢尔平斯基三角形。

■ 有多少合法局面？

要找出从开局到目标局面的路径，这个问题当然很有趣。但关于这些在 3 根柱子上从小到大排列的圆盘，我们还能问出其他自然的问题。

第一个问题是，按照圆盘只能放在更大的圆盘上面的规则，将 n 个圆盘放到 A、B、C 这 3 根柱子上一共有多少种方法？答案是 3^n，因为每个圆盘都可以放在 A、B 或者 C 号柱上。而要确定一个合法局面，就需要在 3 种可能性中进行 n 次选择，这足够了，因为圆盘所在的柱子一旦确定，就只有 1 种从小到大放置圆盘的方法。

这 3^n 种合法局面就是游戏布置图中的交点。在这个图中，每当我们移动一个圆盘从一个局面移动到另一个局面，两个局面之间就会由一条边联结。如果你试着画出这个图（比如当 $n = 3$ 时），并尽可能地清楚排列以凸显图的规律和对称性的话，那么你会发现它可以画成边不交叉的形式：它是一个平面图，而且每条边长度相同（也就是火柴棍图）。

卢卡斯并不知道汉诺塔的这种图结构,直到1944年,理查德·斯科勒、帕特里克·格伦迪和锡德里克·史密斯才发现它。

这就是汉诺图。随着 n 的增加,它的形状越来越接近谢尔平斯基地毯,即一个维度为 log(3)/log(2)(约等于1.58496…)的分形(见框2)。

研究该图能让我们理解大量游戏本身的性质,其中某些性质并不显然,比如,存在这样的两个局面,在从一个局面移动到另一个的最短路径上,最大的圆盘必须被移动两次。如果我们加上一条补充规则,禁止将圆盘从A直接移动到C或者从C移动到A的话,那么我们也能从图中发现汉诺塔问题令人难以置信的解答:该解答经过了所有 3^n 个合法局面!

1988年前后,欣茨和陈达鸿得到了一个漂亮的(有点长的)公式,可求两个随机选出的顶点之间用移动数目衡量的平均距离。这带来了一个新发现,即边长为1的谢尔平斯基地毯中两个点的平均距离是有理数466/885,我们不禁要问它是怎么得出的。

人们思考过该问题的众多变体,其中一种就是加入第4根甚至第5根柱子,等等。当然,在 m 根柱子($m > 3$)的情况下,解答可以比3根柱子的情况更短:新加入的柱子使移动更方便。除了4根柱子的情况已经在2014年被法国巴黎第十一大学的数学家蒂埃里·布施解决以外,没有人知道在一般情况下将一叠 n 个圆盘移动到另一根柱子上的最优解是什么。这个问题又叫作"典吏问题",从1908年起亨利·杜登尼(1857—1930)就开始研究了。

4根柱子的最优解

自从1941年就出现了关于 n 个圆盘与4根柱子(而不是3根)最优解的猜想,但此前人们已经通过计算得到了一些结果。2014年,蒂埃里·布施证明了这个猜想。对于4根柱子4个圆盘来说,将整叠圆盘从一根柱子移动到另一根(图中是第3根)至少需要9次移动。左边的图中展示了两种不同的解法。

对于 n 个圆盘,需要的最少移动次数如下:1, 3, 5, 9, 13, 17, 25, 33, 41, 49, 65, 81, 97, 113, 129, 161, 193, 225, 257, 289, 321, 385, 449, 513, 577, 641, 705, 769, 897, 1025…

4 根柱子 ABCD 对应的可能位置图远远没有 3 根柱子的那么简单，而且如果圆盘数目超过 2 的话，那么这个图就不能以不与自身相交的方式在平面上表现出来。

下面 3 个圆盘的图已经尽可能地限制了产生交叉的数目，这个今天已知最好的画法来自 R. S. 施密德。用红色标注的是将 3 个圆盘从 A 号柱移动到 D 号柱的最优解法。

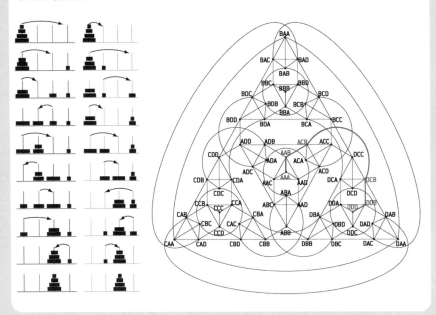

■ 有 *m* 根柱子时的线索

当有 *m* 根柱子时，对应该问题的图是有限图，跟 3 根柱子的情况一样。所以，对于每一个 *n* 的值，理论上可以利用寻找图中最短路径的一般方法，用计算机找到对应的图中最短的路径。

2007 年，理查德·科尔夫和阿里埃勒·费尔纳计算了在 4 根柱子和 *n* 值为从 1 到 30 的情况下的最短路径。对 *n* = 30 的计算花了 30 天，用了 398 GB 的内存。凭借我们今天的计算机系统，很难有更多进展了，因为这幅图的大小会随着 n 呈指数式增长（这里可行局面的数目是 m^n）。

但人们已经对于一般情况提出了一条线索。它的基础是下面这个想法，我们会用四根柱子的情况来解释，但它可以轻松推广到一般情况。

要将 n 个圆盘从 A 号柱移动到 D 号柱，只需要选择一个在 1 和 $n-1$ 之间的整数 k，用 4 根柱子情况下的最优解法（假设这是已知的）将最上面的 k 个圆盘移动到 C 号柱，然后只需要考虑 A、B 和 D 号柱，用 3 根柱子情况下的最优解法（这是已知的，需要 $2^{n-k}-1$ 次移动）将剩下的 $n-k$ 个圆盘移走，最后用 4 根柱子情况下的最优解法重新将放在 C 号柱的 k 个圆盘移动到 D 号柱。

这个方法依赖于参数 k。如果对于任意的 $k < n$，我们都知道 k 个圆盘在 4 根柱子间移动需要的最少次数，那么通过取使总移动次数最少的 k 值，我们就能得到一个相当好的解法。

当 $k < n$ 时，由假设已知的 4 根柱子和 k 个圆盘的解法出发，逐步得到对于 4 根柱子和 n 个圆盘相当好的算法，这个过程又叫作弗雷姆 – 斯图尔特算法（它是由 B. M. 斯图尔特和 J. S. 弗雷姆分别在 1939 年和 1941 年提出的）。如果我们将这个过程在 n 个圆盘的情况下的移动步数记作 $fs(n)$，那么这个数列就满足 $fs(1) = 1$，以及 $fs(n)$ 是 $2^{n-k}-1+2fs(k)$ 对于从 1 到 $n-1$ 的 k 值能取到的最小值。

在 4 根柱子的情况下，我们已经知道怎么证明这个想法不仅正确，而且对于任意 n 个圆盘都给出了最优解。然而，对于 5 根或者更多柱子来说，尽管还没有找到反例，我们仍然不知道这是不是确定最优移动序列的正确方法。

虽然文章已到尾声，但欣茨及其同事的著作中还有别的内容。例如，最近马克斯·阿列克谢耶夫和托比·伯杰计算了，当随机移动时，即当在所有可行的移动中每一步都以相同的可能性做出选择时，要解决经典的汉诺塔谜题（3 根柱子，n 个圆盘）需要的平均步数。这个平均步数是 $(3^n-1)(5^n-3^n)/(2 \times 3^{n-1})$。

这个公式的增长速度大约是 5^n，比最优解法要多得多，这也不意外，但既然汉诺塔产生的问题似乎无穷无尽，我们又何必着急呢？

第 8 章

难以置信的推理

　　我知道，你知道，他知道……知道别人不知道，能让我们知道得更多！严密推理乍看之下不起眼的信息，能带来令人惊叹的结论。

　　有时，我们需要基于跟我们互动的人所拥有的信息来推理。例如，我们会说：X 之所以这样说，是因为他不知道我昨天看到了他；但 Y 看到了我，所以知道我会这样想；由此，Y 知道我知道 X 不知道我昨天看到了 X，而我又知道 Y 知道这一点，等等。进行推理时，不仅要利用每个人拥有的信息，还要利用每个人根据这些信息所做的推理，这样的推理可能十分微妙。当然，数学家和逻辑学家从中看到了众多问题，其中一些精巧得令人震惊。

　　一个叫作"巴格达外遇问题"（见框 1）的古老谜题，就是这类问题一个很好的例子：只需一点推理，就能让我们从平平无奇的信息中得出出乎意料的精确结论。汉斯·弗赖登塔尔（1905—1990）提出过一个精彩的谜题，其中需要用到这种对信息的推理和根据对话做出的推断，自此之后，人们提出了许多类似的令人生畏的数学谜题，从中产生了不少问题，有一些到现在还没有解决。为了理解这类谜题的规律，我们将给出三道问题，其解答都只需要几分钟。

约数的和

　　我们在 1 到 12 之间选择一个整数 N，然后将 N 的所有约数的和告诉小明。小明说："我不知道 N 是多少。"求 N 除以 5 的余数。

　　我们知道，一个数的约数总包含 1 和它自身。比如说，8 的约数是 1、2、4 和 8，那么 8 的约数的和就是 15。

　　要注意一点，在这类谜题中，我们假定所有人物（包括小明）都有着完美的逻辑头脑。如果回答问题有可能用到推理，那么他们就会推理。当他们回答"我不知道"的时候，这说明没有正确的推理方式能给出问题的答案。

解答：除了 6 和 11 以外，1 到 12 的每个整数都有不同的约数之和（见框 3 的表格）。因为 6 的约数是 1、2、3 和 6，而 11 的约数就是 1 和 11，所以 6 和 11 的约数之和都是 12。如果小明无法回答，那么是因为我们告诉他 N 的约数之和是 12。所以 N 要么是 6，要么是 11。因为 6 除以 5 余 1，而 11 除以 5 也余 1，所以 N 除以 5 必定余 1。即使不知道 N 是多少，我们也能回答之前的问题：N 除以 5 的余数是 1。

最大的素数

现在，我们还是在 1 和 12 之间选一个整数 N，然后告诉小明 N 的所有约数的和。另外，我们告诉小华 N 的最大素因子。小明和小华想了一阵，异口同声地说："我不知道 N 是多少。"N 到底是多少？

解答：如果小明说"我不知道"，那么他所知道的约数之和至少对应两个解，也就是说这个和是 12，因为其他的和都只出现了一次。所以 N 的值是 11 或者 6（跟第一个问题一样）。如果小华也说"我不知道"，那么至少有两个解，所以 N 不可能是 7 或者 11（因为在这里以 7 为最大素因子的数只有 7，而以 11 为最大素因子的数也只有 11）。所以 N 等于 6。

1. 巴格达外遇受害者的同步复仇

这个经典谜题是从不起眼的知识开始推理的一个例子。统治巴格达的王（在这里用德拉克鲁瓦画中的萨达那培拉斯来代表）听到了城里发生的一件事。有一天，他在城中所有男人的面前进行了一次演说，他说："城里至少有一个出轨的妻子。"

在巴格达，所有男人都知道谁的妻子有外遇——当然，除了他们自己的妻子。严苛的法律条文要求丈夫一旦发现妻子有外遇，就要在接下来的夜晚在王面前杀了自己的妻子，而这项法律执行得非常严格，也没有人会向外遇妻子的丈夫告密。如果妻子有外遇，那么丈夫只能通过推理来确认这个不幸的消息。

在王演说之后的 49 个夜晚，一切风平浪静。在第 50 个夜晚，有 50 名妻子被杀害。第二天，王就宣布再没有出轨的妻子了。这中间到底发生了什么？

解答：在第一晚之后，巴格达的每位丈夫都做出了如下的推理："根据王的演说，城里至少有 1 个男人的妻子出轨了（实际上，他们知道有 49 个或者 50 个，但我们从 1 开始递推）。如果只有一个人的妻子出轨的话，这个人不认识任何出轨的妻子，那么他就会从王的演说中推断出自己的妻子出轨了，于是他在第一晚就应该杀了妻子。如果第一晚没有事情发生的话，那么说明至少有 2 个人的妻子出轨了。"在第二晚之后，巴格达的每位丈夫进行了如下的推理："如果城里只有 2 个男人的妻子出轨的话，那么其中任何一个人都会只认识一个出轨的妻子，能够确定自己的妻子就是第二个，因此在第二晚就应该有 2 名妻子被杀害。因为这件事没有发生，所以巴格达至少有 3 个男人的妻子出轨了。"

同样的推理让他们在第三晚之后知道巴格达至少有 4 个男人的妻子出轨了，在第四晚之后知道至少有 5 个人，以此类推。在第 49 晚之后，因为没有人被处决，所以每个男人都能推断出至少有 50 个男人的妻子出轨了。每个只认识 49 个出轨妻子的男人都能得出自己就是第 50 人的结论，而所有出轨的妻子在第 50 晚就都会被杀害。

实际上我们可以说，巴格达每个认识 N 个出轨妻子的男人，如果这些妻子在第 N 晚没有被处决的话，那么他们就知道自己的妻子出轨了，然后会在第 $N+1$ 晚处决她们。对这点信息的提取很慢，却是必然的。

先后回答

我们在 1 和 20 之间选择一个数 N（$N=1,2,\cdots,20$），然后告诉小明 N 的所有约数的和，告诉小华 N 的最大素因子。小明说："我不知道 N 是多少。"在考虑了小明的回答之后，小华说："我也不知道。"N 有多少个约数？

解答：如果小明不知道，那么 N 不在 1、2、3、4、5、7、8、9、12、13、16、18、19、20 之中，因为约数之和能将它们区分开（见框 3 中的表格）。

于是，小华知道 N 的约数之和是 12（$N=6$ 或 11）、18（$N=10$ 或 17）或者 24（$N=14$ 或 15）。如果小华在知道小明的回答之后还不能得出结论，那就是因为 N 的最大素因子不足以确定这一点，从中我们知道最大的素因子是 5。这样的话，$N=15$ 或者 10，于是 N 有 4 个约数，因为这两个数都有 4 个约数。

　　这三个问题表明，详细的分类讨论以及逐步互换看似不起眼的信息，如何一步步以有时出人意料的精确度揭示了某些信息。它们也说明了怎样才能解开汉斯·弗赖登塔尔在 1969 年提出的那个精妙的难题，它的难度可是上了另一个层次。下面请大家思考这个问题，并准备好笔和纸，有计算机的话更好。

弗赖登塔尔的问题

我们选择了两个整数 X 和 Y，满足 $1 < X < Y$ 和 $X+Y \le 100$。

我们告诉小姬 X 和 Y 的乘积 P，告诉小何 X 和 Y 的和 S。接下来出现了这样的对话。

1. 小姬："我不知道 X 和 Y 是多少。"
2. 小何："我知道你不知道 X 和 Y 是多少。"
3. 小姬："嗯，这样一来我现在知道 X 和 Y 是多少了。"
4. 小何："嗯，我现在也知道它们是多少了。"

请求出 X 和 Y。

2. 弗赖登塔尔谜题的四步解法

$1 < X < Y \le 100$，$X+Y \le 100$

1. 集合 V_1 是 X 和 Y 的乘积 P 的集合，至少有两种不同的分解方式。
小姬知道乘积 P，她说："我不知道 X 和 Y 是多少。"
P 是 V_1 的元素。

> **集合 V_1：** 12, 18, 20, 24, 28, 30, 32, 36, 40, 42, 44, 45, 48, 50, 52, 54, 56, 60, 63, 64, 66, 68, 70, 72, 75, 76, 78, 80, 84, 88, 90, 92, 96, 98, 99, 100, 102, 104, 105, 108, 110, 112, 114, 116, 117, 120, 124, 126, 128, 130, 132,

135, 136, 138, 140, 144, 147, 148, 150,152, 153, 154, 156, 160, 162, 164,
165, 168, 170, 171, 172, 174, 175, 176, 180, 182, 184, 186, 188, 189, 190,
192, 195, 196, 198,200, 204, 207, 208, 210, 216, 220, 222, 224, 225, 228,
230, 231, 232, 234, 238, 240, 243, 245, 246, 248, 250, 252, 255, 256,
258,260, 261, 264, 266, 270, 272, 273, 275, 276, 279, 280, 282, 285, 286,
288, 290, 294, 296, 297, 300, 304, 306, 308, 310, 312, 315,320, 322, 324,
325, 328, 330, 336, 340, 342, 344, 345, 348, 350, 351, 352, 357, 360,
364, 368, 370, 372, 374, 375, 376, 378, 380,384, 385, 390, 392, 396, 399,
400, 405, 406, 408, 410, 414, 416, 418, 420, 425, 429, 430, 432, 434, 435,
440, 441, 442, 444, 448,450, 455, 456, 459, 460, 462, 464, 465, 468, 470,
475, 476, 480, 483, 486, 490, 492, 494, 495, 496, 500, 504, 506, 510,
512, 513,516, 518, 520, 522, 525, 528, 532, 539, 540, 544, 546, 550, 552,
558, 560, 561, 564, 567, 570, 572, 574, 576, 580, 585, 588, 592,594, 595,
598, 600, 602, 608, 609, 612, 616, 620, 621, 624, 627, 630, 637, 638, 640,
644, 646, 648, 650, 651, 656, 660, 663, 666,672, 675, 680, 682, 684, 688,
690, 693, 696, 700, 702, 704, 714, 715, 720, 726, 728, 735, 736, 738, 740,
741, 744, 748, 750, 754,756, 759, 760, 765, 768, 770, 774, 780, 782, 783,
784, 792, 798, 800, 806, 810, 812, 814, 816, 819, 820, 825, 828, 832, 836,
840,850, 855, 858, 860, 864, 868, 870, 874, 880, 882, 884, 888, 891, 896,
897, 900, 902, 910, 912, 918, 920, 924, 928, 930, 935, 936,945, 946, 950,
952, 957, 960, 962, 966, 968, 969, 972, 975, 980, 984, 986, 988, 990, 992,
1000, 1008, 1012, 1014, 1020, 1026, 1032,1035, 1036, 1040, 1044, 1050,
1053, 1054, 1056, 1064, 1066, 1071, 1078, 1080, 1088, 1092, 1100, 1102,
1104, 1105, 1110, 1116,1118, 1120, 1122, 1125, 1131, 1134, 1140, 1144,
1148, 1150, 1152, 1155, 1160, 1170, 1173, 1176, 1178, 1184, 1188, 1190,
1196,1197, 1200, 1204, 1215, 1216, 1218, 1224, 1230, 1232, 1240, 1242,
1248, 1254, 1258, 1260, 1275, 1276, 1280, 1288, 1292, 1296,1300, 1302,
1311, 1312, 1320, 1323, 1326, 1330, 1332, 1334, 1344, 1350, 1360, 1364,
1365, 1368, 1377, 1380, 1386, 1392, 1394,1400, 1404, 1406, 1408, 1425,
1426, 1428, 1430, 1440, 1449, 1450, 1452, 1456, 1458, 1470, 1472, 1476,
1480, 1482, 1485, 1488,1496, 1500, 1508, 1512, 1518, 1520, 1530, 1536,
1539, 1540, 1550, 1554, 1560, 1564, 1566, 1568, 1575, 1584, 1596, 1600,
1610,1612, 1617, 1620, 1624, 1628, 1632, 1638, 1650, 1656, 1664, 1672,
1674, 1680, 1700, 1702, 1710, 1716, 1725, 1728, 1736, 1740,1748, 1750,
1755, 1760, 1764, 1768, 1776, 1782, 1792, 1794, 1798, 1800, 1820, 1824,
1836, 1848, 1850, 1856, 1860, 1872, 1890,1904, 1914, 1920, 1924, 1932,
1938, 1944, 1950, 1960, 1972, 1980, 1984, 2016, 2030, 2040, 2046, 2052,
2070, 2080, 2100, 2108,2112, 2142, 2145, 2160, 2176, 2184, 2200, 2205,
2240, 2244, 2268, 2280, 2340, 2352, 2400

2. 集合 V_2 是满足以下条件的数 S 的集合，$S \leqslant 100$，同时，对于所有 $S = X + Y$ 且 $X < Y$ 的分解，XY 都在 V_1 之中。

小何知道和 S，她说："我知道你不知道 X 和 Y。"

S 是 V_2 的元素。

> **集合 V_2**: {11, 17, 23, 27, 29, 35, 37, 41, 47, 53}

3. 集合 $K(S)$ 是 V_2 中每一个 S 值对应的所有可能的乘积 P。

小姬说："现在我知道 X 和 Y 是多少了。"

知道乘积 P 就能推出和 S，这说明 P 没有同时出现在两个不同的 $K(S)$ 之中。

> **集合 $K(S)$**:
> $K(11) = \{18, 24, 28, 30\}$,
> $K(17) = \{30, 42, 52, 60, 66, 70, 72\}$,
> $K(23) = \{42, 60, 76, 90, 102, 112, 120, 126, 130, 132\}$,
> $K(27) = \{50, 72, 92, 110, 126, 140, 152, 162, 170, 176, 180, 182\}$,
> $K(29) = \{54, 78, 100, 120, 138, 154, 168, 180, 190, 198, 204, 208, 210\}$,
> $K(35) = \{66, 96, 124, 150, 174, 196, 216, 234, 250, 264, 276, 286, 294,$
> $\qquad\qquad 300, 304, 306\}$,
> $K(37) = \{70, 102, 132, 160, 186, 210, 232, 252, 270, 286, 300, 312, 322,$
> $\qquad\qquad 330, 336, 340, 342\}$,
> $K(41) = \{78, 114, 148, 180, 210, 238, 264, 288, 310, 330, 348, 364, 378,$
> $\qquad\qquad 390, 400, 408, 414, 418, 420\}$,
> $K(47) = \{90, 132, 172, 210, 246, 280, 312, 342, 370, 396, 420, 442, 462,$
> $\qquad\qquad 480, 496, 510, 522, 532, 540, 546, 550, 552\}$,
> $K(53) = \{102, 150, 196, 240, 282, 322, 360, 396, 430, 462, 492, 520, 546,$
> $\qquad\qquad 570, 592, 612, 630, 646, 660, 672, 682, 690, 696, 700, 702\}$

4. 集合 $K'(S)$ 是去掉 $K(S)$ 中重复出现的元素得到的集合。

小何说："现在我也知道 X 和 Y 是多少了。"

知道 S 就能推出 P，这说明对应的 $K(S)$ 只包含一个元素，所以 $S = 17$，$P = 52$，$X = 4$，$Y = 13$。

> **集合 $K'(S)$**:
> $K'(11) = \{18, 24, 28\}$,
> $K'(17) = \{52\}$,
> $K'(23) = \{76, 112, 130\}$,
> $K'(27) = \{50, 92, 110, 140, 152, 162, 170, 176, 182\}$,
> $K'(29) = \{54, 100, 138, 154, 168, 190, 198, 204, 208\}$,

$K'(35) = \{96, 124, 174, 216, 234, 250, 276, 294, 304, 306\}$,
$K'(37) = \{160, 186, 232, 252, 270, 336, 340\}$,
$K'(41) = \{114, 148, 238, 288, 310, 348, 364, 378, 390, 400, 408, 414,$
$\qquad\qquad 418\}$,
$K'(47) = \{172, 246, 280, 370, 442, 480, 496, 510, 522, 532, 540, 550,$
$\qquad\qquad 552\}$,
$K'(53) = \{240, 282, 360, 430, 492, 520, 570, 592, 612, 630, 646, 660,$
$\qquad\qquad 672, 682, 690, 696, 700, 702\}$

3. 三个谜题的相关表格

N	约 数	约数个数	约数的和	最大素因子
1	1	1	1	
2	1-2	2	3	2
3	1-3	2	4	3
4	1-2-4	3	7	2
5	1-5	2	6	5
6	1-2-3-6	4	12	3
7	1-7	2	8	7
8	1-2-4-8	4	15	2
9	1-3-9	3	13	3
10	1-2-5-10	4	18	5
11	1-11	2	12	11
12	1-2-3-4-6-12	6	28	3
13	1-13	2	14	13
14	1-2-7-14	4	24	7
15	1-3-5-15	4	24	5
16	1-2-4-8-16	5	31	2
17	1-17	2	18	17
18	1-2-3-6-9-18	6	39	3
19	1-19	2	20	19
20	1-2-4-5-10-20	6	42	5

1930 年，弗赖登塔尔在海因茨·霍普夫的指导下完成博士答辩，后于 1946 年到 1975 年于荷兰乌得勒支大学担任应用数学教授（他工作到了 70 岁）。作为研究者，他对拓扑、几何和李群理论做出了贡献。今天，乌得勒支有一所以弗赖登塔尔的名字命名的数学研究所。他对数学教学也很感兴趣，特别是他还曾担任杂志《数学新汇总》（*Nieuw Archief voor Wiskunde*）问题专栏编辑。我们今天探讨的这个著名问题，就首次以荷兰语出现在这个专栏中。

弗赖登塔尔问题的解答

1. 整数 P 能用两种方法分解为 X 和 Y 的乘积 $P = XY$，并满足 $1 < X < Y$ 和 $X + Y \leqslant 100$，记为集合 V_1。集合 V_1={12, 18, 20, …, 2280, 2340, 2352, 2400}，它拥有 574 个元素（见框 2）。根据对话的第一条，我们要找的两个数的乘积 $P = XY$ 就在 V_1 之中。然后将整数 S 记作集合 V_2，其中 $S \leqslant 100$，并且满足 $1 < X < Y$，$S = X + Y$，其乘积 XY 都是 V_1 的元素。

2. 根据对话的第二条，要求的 X 和 Y 两个数满足 $S = X + Y$ 在集合 V_2 中。现在来研究可能有多个乘积的两数之和构成的集合 V_2（我们注意到两位主角都能计算出 V_1 和 V_2）。

(1) 很快可以推出，V_2 只包含满足 $5 \leqslant S \leqslant 100$ 的和 S。

(2) V_2 不包含 $S \geqslant 55$ 的数。如果 $S \geqslant 55$ 的话，那么它可以写成 $S = 53 + (S - 53)$，$X = 53$，$Y = S - 53$，但我们接下来会证明 $P = XY = 53(S - 53)$ 不在 V_1 之中。由于 53 是质数，P 分解为两数乘积的另一种方法必定包含一个至少 2×53 的数，因此不可能满足 $X + Y \leqslant 100$ 的条件，也就是说 P 无法拥有两种满足 $P = XY$ 的不同分解方式，其中 $1 < X < Y$，$X + Y \leqslant 100$。

(3) V_2 不包含偶数的 S。这是因为，如果 S 是偶数的话，那么它可以写成两个素数的和（这就是哥德巴赫猜想，对于小于等于 100 的整数很好证明），即 $S = P_1 + P_2$，于是 $P = P_1 P_2$ 就不在 V_1 之中，因为整数的素因子分解是唯一的。

(4) V_2 不包含形如 $Q + 2$ 的数 S，其中 Q 是素数。这是因为，如果 $S = Q + 2$ 的话，那么乘积 $P = 2Q$ 不会在 V_1 之中（因为整数的素因子分解是唯一的）。

(5) 51 不在 V_2 之中，因为 51 = 17 + 34，而 17 × 34 不在 V_1 之中。

基于这些观察结果，我们逐个检查从 5 到 55 的整数，得到的整数集合 V_2 就是 {11, 17, 23, 27, 29, 35, 37, 41, 47, 53}。

如果你觉得这样的推理太复杂的话，那么你可以对从 1 到 100 的每个数字和 S 测试这个数是否在 V_2 之中，方法就是研究每个 S = X + Y 的分解，看看它们的乘积 XY 会不会有多重结果。你会得出同样的集合 V_2。

3. 对于 V_2 中的每个和 S，现在考虑满足 1 < X < Y 的分解 S = X + Y，我们将这些分解得出的乘积集合记作 K(S)。举个例子，对于 11 来说：2 + 9 =11，乘积是 18；3 + 8 =11，乘积是 24；4 + 7 =11，乘积是 28；5 + 6 =11，乘积是 30。所以 K(11) = {18, 24, 28, 30}。同样可以推出（可以手算，但用计算机更好）：K(17) = {30, 42, 52, 60, 66, 70, 72}，K(23) = {42, 60, 76, 90, 102, 112, 120, 126, 130, 132}，…，K(47) = {90, 132, 172, 210, 246, 280, 312, 342, 370, 396, 420, 442, 462, 480, 496, 510, 522, 532, 540, 546, 550, 552}，K(53) = {102, 150, 196, 240, 282, 322, 360, 396, 430, 462, 492, 520, 546, 570, 592, 612, 630, 646, 660, 672, 682, 690, 696, 700, 702}（见框 2）。

根据小何和小姬间对话中的第三条，要求的两个数的乘积 P 只在 K(11), K(17), K(23), …, K(53) 其中一个集合里。这是因为，如果它同时处在两个集合 K(S_1) 和 K(S_2) 中的话，那么知道乘积 P 并且知道 S 在 V_2 中的小姬（她进行了和你一样的推理）就无法得知正确的 S 是哪一个。所以她证实了乘积 P 只在一个集合 K 中，从而能确定 S 是多少。在知道了两个数的和与积之后，求出两个数就很容易了，因为小姬知道了 P 和 S，也知道了 X 和 Y。

4. 知道了这一点之后，小何可以在每个 K(S) 中去掉所有出现在另一个集合中的数字，得到集合 K'(S)。比如 K(17) 和 K(23) 中的数字 60，在 K'(17) 和 K'(23) 中就被去掉了。这样我们就得到了集合 K 的新版本 K'：K'(11) = {18, 24, 28}，K'(17) = {52}，…，K'(47) = {172, 246, 280, 370, 442, 480, 496, 510, 522, 532, 540, 546, 550, 552}，K'(53) = {240, 282, 360, 430, 492, 520, 570, 592, 612, 630, 646, 660, 672, 682, 690, 696, 700, 702}。

我们注意到 $K'(17)$ 只包含 1 个元素，而所有其他集合都包含至少 2 个元素。根据对话中的第四条，我们知道，小何能根据这些 S 可能的值求出 X 和 Y，也就是说，她手头上的 S 可以让她知道 P 是多少，即 $S = 17$，$P = 52$。结果就是 $X = 4$，$Y = 13$。我们注意到，在这个推理过程中，我们既不知道 S 也不知道 P，而且答案中的 X 和 Y 是唯一的。

4. 难题变体7步走

这个难题变体是克莱夫·图思的成果。我们选择两个整数 X 和 Y，满足 $2 \leqslant X \leqslant Y$ 以及 $X + Y \leqslant 5000$。我们将它们的和 S 告诉小何，将它们的积 P 告诉小姬。然后我们听到了以下的对话。

(1) 小姬："我不知道 X 和 Y 是多少。"

(2) 小何："我知道你不知道 X 和 Y 是多少。"

(3) 小姬回答："这样，那我现在知道 X 和 Y 是多少了。"

(4) 小何于是说："嗯，那我也知道它们是多少了。"

我们希望从中求出 X 和 Y 的值，但因为其最大值为 5000，只听到对话的人做不到这一点。幸好第三位参与者小路听到了刚才的对话，说了一句。

(5) 小路说："现在我还不知道 X 和 Y 是多少。"

(6) 小何回答他说："但如果我告诉你 X 的值，那么你就知道 Y 是多少了。"

(7) 于是小路说："现在我知道 X 和 Y 是多少了。"你呢？

这一次似乎必须用上计算机。通过前四句对话，我们发现只剩 10 个符合条件的可能性（见下表）。我们可从中求出答案。当 $X = 4, 16, 32$ 或者 64 时，只知道 X 不足以知道 Y，因为满足 $X = 4$ 的解有 3 个，满足 $X = 16$ 的解有 2 个，满足 $X = 32$ 的解有 2 个，满足 $X = 64$ 的解同样有 2 个。所以，对话中的第六句表明 $X = 67$。

其他未知数可立刻推出：$Y = 82$、$S = 149$、$P = 5494$。

	1	2	3	4	5	6	7	8	9	10
X	4	4	4	6	16	32	32	64	64	67
Y	13	61	229	73	111	131	311	73	309	82
S	17	65	233	89	127	163	343	137	373	149
P	52	244	916	1168	1776	4192	10 976	4672	19 776	5494

差之毫厘，谬以千里

写个简单的算法就能让计算机来代替你推理。这个算法也可以用来研究当弗赖登塔尔问题的数值稍有改变时会发生什么事情。

我们特别注意到，构造这个类型的谜题要非常小心，因为推理过程中要用到一开始提出的不等式 $1 < X < Y$ 和 $X + Y \leqslant 100$，而哪怕改变其中一个不等式，也会带来翻天覆地的变化。马丁·加德纳就有过这样一次不愉快的遭遇，他想简化原来的问题，于是将问题的陈述改成了未知数 X 和 Y 满足 $2 \leqslant X \leqslant Y \leqslant 20$。这个取值范围更小（因而更容易用手算解决），而加德纳保留的这个取值范围，也的确包含了原来解答中的两个数 $X = 4$ 和 $Y = 13$。然而，加德纳的这个谜题没有解，因为根据小姬和小何最后两句对话进行的列表处理不一样了，不能得到任何解。

如果将弗赖登塔尔问题中的 100 换成另一个整数 M，那么我们就能得到一系列无限个问题，根据 M 的值不同可以有 0 个、1 个或者多个解。原始问题的解 $X = 4$, $Y = 13$ 对于所有大于等于 65 的 M 值来说都成立，所以当 M 趋向于无穷时，它仍然是问题的一个解，我们把它叫作稳定解。而解 $X = 67$, $Y = 82$ 就不是这样，如果 M 在 4721 和 5485 的整数区间中，那么这个解就不成立，我们把它叫作虚解。

$X = 4$, $Y = 13$ 对于所有在 65 和 1684 之间的 M 值来说都是唯一解。所以你可以将弗赖登塔尔问题的原始陈述换成 $1 < X < Y$ 以及 $X + Y \leqslant 1684$，该问题仍然只有一个解（当然问题也会变得更难）。

约翰·基尔廷恩和彼得·扬研究了另一个问题，即当 M 趋向于无穷时该难题有多少个解。人们猜想能找到无限个解，甚至会有无限个稳定解。目前人们还没能成功证明这两个猜想。下面是前 10 个稳定解，以及它们第一次出现时 M 的值：

$[M = 65, X = 4, Y = 13]$, $[M = 1685, X = 4, Y = 61]$,

$[M = 9413, X = 32, Y = 131]$, $[M = 1970, X = 16, Y = 73]$,

$[M = 2522, X = 16, Y = 111]$, $[M = 6245, X = 32, Y = 311]$,

$[M = 6245, X = 64, Y = 73]$, $[M = 6893, X = 4, Y = 229]$,

$[M = 72\,365, X = 8, Y = 239]$, $[M = 237\,173, X = 4, Y = 181]$

从这段列表的开头看来，我们会认为稳定解的第一个元素 X 一定是 2 的乘方，但这是错的：人们找到了一个更大的稳定解 $X = 201$，$Y = 556$，它从 $M = 966\,293$ 开始出现。

除了调整 $X + Y$ 的最大值 M 以外，我们还可以调整一开始给定的不等式 $1 < X < Y$ 中的 1，把它换成 m（也就是 $m < X < Y$）。这一系列问题的研究结果出人意料，因为我们观察到，只要 $m \geqslant 3$ 就没有任何解答（不管 M 是多少）。人们想证明这个结论的正确性，但还没有人做到。于是人们猜想，当 $m \geqslant 3$ 时，$m < X < Y$ 的弗赖登塔尔问题永远无解。

5. 24小时的思考

下面这个弗赖登塔尔问题的变体来自阿克塞尔·博恩、科尔·赫尔根斯和格哈德·沃金格。它也是这类谜题中最困难、最优美的问题，我们称之为"24 小时的思考"。

我们选择了 5 个数 a、b、c、d、e，满足 $1 \leqslant a < b < c < d < e \leqslant 10$。

我们将其乘积 $P = abcde$ 告诉小姬，将其和 $S = a + b + c + d + e$ 告诉小何，将其平方和 $C = a^2 + b^2 + c^2 + d^2 + e^2$ 告诉小方，将 $V = (a + b + c)(d + e)$ 告诉小魏。

1. 在提出问题 1 个小时之后，我们问到的这四个人异口同声地说："我不知道 a、b、c、d、e 是多少。"

2. 又经过 1 个小时，我们再次询问这四个人，他们还是异口同声地说："我不知道 a、b、c、d、e 是多少。"

3. 又经过 1 个小时，我们再次询问这四个人，他们还是异口同声地说："我不知道 a、b、c、d、e 是多少。"

4. 又经过 1 个小时，我们再次询问这四个人，他们还是异口同声地说："我不知道 a、b、c、d、e 是多少。"

……

23. 又经过 1 个小时（距离提出问题已经过去了 23 个小时），我们再次询问这四个人，他们还是异口同声地说："我不知道 a、b、c、d、e 是多少。"

但在第 23 次回答之后，四人恍然大悟，一起说："现在好了，我知道 a、b、c、d、e 是多少了。"那么，a、b、c、d、e 分别是多少？

解答：一开始有 252 个可能的 (a, b, c, d, e) 五元组，其中有一些五元组的和能推断出 a、b、c、d、e，比如 $1 + 2 + 3 + 4 + 5 = 15$，因为这就是可能的和的最小值。小何在第一次提问时说自己不知道 a、b、c、d、e 是多少，说明五元组

(1, 2, 3, 4, 5) 不正确。同理，某些乘积也只能得到一次，它们在第一步之后就可以被排除。平方和与 V 的值也是如此。

　　排除了这些五元组之后，可能性的个数就从 252 变为 140。我们假设四人在问题间隔的 1 小时之间也进行了同样的排除法推理。因为这种推理无法瞬间完成，所以我们给了他们 1 小时的间隔时间。

　　从 a、b、c、d、e 的 140 种可能性出发，每个人都可以重新像之前一样推理。如果小何在第二次提问中说自己不知道 a、b、c、d、e 是多少，那么就可以排除只在 140 种可能性中出现 1 次的 S 值、P 值、C 值和 V 值同理。于是我们得到 100 种可能的五元组。

　　可能的解一步步减少，得出的五元组也越来越少：当接下来每一次提问时，五元组数目分别是 85、73、64、62、60、57、54、50、47、44、40、36、33、31、28、24、19、13、8、4。第 23 次提问就会得出唯一解。这时，所有人都知道了：$S = 28$，$P = 3360$，$C = 178$，$V = 195$，所以 $a = 2$，$b = 5$，$c = 6$，$d = 7$，$e = 8$。

　　（前一步得出的 4 种可能性分别是：$S = 26$，$P = 1680$，$C = 178$，$V = 153$，或者 $S = 30$，$P = 3360$，$C = 226$，$V = 216$，或者 $S = 28$，$P = 3360$，$C = 178$，$V = 195$，或者 $S = 28$，$P = 4032$，$C = 174$，$V = 195$。）

■ 难上加难

　　框 5 给出了这个类别中我认为最惊人的问题。这个问题由阿克塞尔·博恩、科尔·赫尔根斯和格哈德·沃金格提出，这三位大学教师花了大力气来认真研究这类数学谜题。这个问题本身既简单又困难：虽然 4 名参与者（假设他们都拥有逻辑头脑）的 23 次同时回答都是"我不知道"，但是他们和你由此得到了有 5 个未知数的问题的唯一解。当然，计算机在这里能帮上忙。用手算来解开这个极端困难的谜题不是不可能，只要你有一整天的空闲，而且确保在解题需要的小计算中一个错误也没有。

　　这些题目并不像表面上那么无关紧要。弗罗伊登塔尔相信外星生物的存在，并对与它们通信感兴趣（他甚至在 1960 年写了一本关于这个主题的著作）。这种通信必定不能缺少关于无模糊性信号的研究，但那又是另一个故事了。

第9章

数字也有韧性

我们将整数的每位数字乘起来，就会得到另一个整数，然后重复这个操作，我们能重复多少次？似乎最多 11 次。

有些问题用几秒钟就能解释清楚，计算其结果却超越了抽象推理和最强大计算机计算能力的极限。在这些令人望而却步的谜题中，就有十进制整数的乘法韧性问题。

我们来看一个正整数，比如 377，将其每一位数字乘起来：$3 \times 7 \times 7 = 147$。对结果 147 进行同样的操作就是 $1 \times 4 \times 7 = 28$。再次重复该操作，得到 $2 \times 8 = 16$。继续重复，得到 $1 \times 6 = 6$。在得到一个个位数之后，我们就不能继续了：$377 \rightarrow 147 \rightarrow 28 \rightarrow 16 \rightarrow 6$。

这个数列就是 377 的"乘积序列"，而 377 的"乘法韧性"p 就是在得到个位数之前，将所有数字乘起来的次数，在这里 $p = 4$。

在 0 到 100 之间的所有整数中，77 的韧性最大，它的乘法韧性是 4。

整数的乘法韧性（见右表）不可能是无限的。证明如下，从中也能得出乘积序列长度的一些更精确的信息：因为每一个 a 的最大值是 9，所以当我们将一个 c 位整数（$c \geqslant 2$）$N = a_1 a_2 \cdots a_c$ 的每位数字相乘时，我们最多能得到 $a_1 \times 9^{c-1}$。$a_1 \times 9^{c-1}$ 可能的最大值比 N 小（因为 $N \geqslant a_1 \times 10^{c-1}$）。$N$ 的乘积序列是递减的，只包含正整数或零，因此它是有限的。

	0	1	2	3	4	5	6	7	8	9
0	0	0	0	0	0	0	0	0	0	0
1	1	1	1	1	1	1	1	1	1	1
2	1	1	1	1	1	2	2	2	2	2
3	1	1	1	1	2	2	2	2	2	3
4	1	1	2	2	2	2	3	2	2	3
5	1	1	1	2	2	2	2	3	3	3
6	1	1	2	2	3	2	3	3	3	3
7	1	2	2	2	3	3	3	3	3	3
8	1	1	2	3	3	2	3	3	3	3
9	1	1	2	3	3	3	3	3	3	2

❶ 乘法韧性列表（红色数字），列出了小于 100 的数字的乘法韧性（行表示十位数，列表示个位数）。

■ 韧性有最大值吗？

我们可以利用刚才所说的，根据一个数有多少位数字来计算其韧性的上限。因为 $N = a_1a_2\cdots a_c$ 所有数字的乘积小于等于 $a_1 \times 9^{c-1}$，所以拥有 c 位数字的整数 N 所有数字的乘积小于 $N \times (9/10)^{c-1}$。因为 $(9/10)^{22} = 0.098477... < 1/10$，我们可以得出，如果 N 有 23 位或者以上的数字，那么 N 所有数字的乘积的数字位数比 N 的数字位数更少。从中可以推出，N 的韧性最大是 N 的数字位数加上一个常数。额外的计算能推出常数 2 对于 10^{23} 以下的所有数都成立，所以对于所有 N 也成立：一个拥有 c 位数字的整数 N，其韧性小于等于 $c + 2$。

现在有两个合理又基本的问题：

□ 任意整数都可能是某个数的韧性吗？

□ 如果不可能的话，那么整数韧性的最大值是多少？

1. 加法韧性

如果每一步将整数的每位数字相加，那么我们就得到了加法韧性：$32\,529 \rightarrow 3 + 2 + 5 + 2 + 9 = 21 \rightarrow 2 + 1 = 3$。

在这里，加法韧性，即累加次数，是 2。得到的最后一个数字一直被用于"弃九验算法"：人们证明了 N 最后留下的终点数字就是 N 被 9 除得到的余数。图中例子展示了不同的终点。

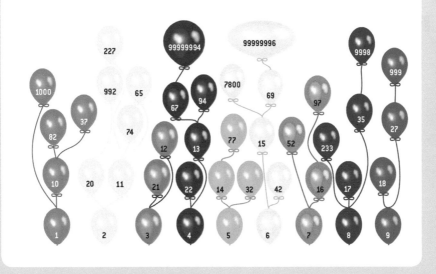

2. 乘法韧性

要计算一个整数的乘法韧性，我们将它的每位数字相乘，在得到新的数字之后，重复这个过程，直到得到一个个位数。重复该过程的次数就是这个数的乘法韧性。用这种方法，从 335 开始，我们会得到 45，然后得到 20，最后得到 0，所以它的乘法韧性是 3。图中展示了几个整数以及由它们推导出的序列。我们能够轻松证明加法韧性可以要多大有多大，相反，我们却不知道怎么证明乘法韧性似乎从来不会超过 11。

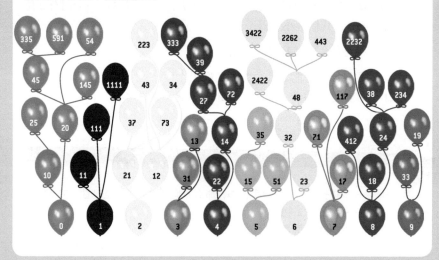

3. 约翰·康威提出的变体

英国数学家约翰·康威发明了生命游戏，还提出了数千个数学趣题。他在 2007 年提出了一个跟乘法韧性在原理上很相似的谜题，但目前该谜题却带来一个非常奇怪的局面。

从整数 N 开始，例如 3462，我们将它写成"乘方队列" $3^4 \times 6^2$，接着计算它的值 $3^4 \times 6^2 = 2916$ 作为 N 的后续数字。然后我们重复这个过程。

这样一来，$2916 \to 2^9 \times 1^6 = 512 \to 5^1 \times 2 = 10 \to 1^0 = 1$。（如果 N 有奇数位数字，那么最后一位数字没有幂次。必要时我们取 $0^0 = 1$。）

康威提出的问题是：是否存在不可摧毁的数，也就是根据上面的规则计算，不会变成个位数的整数？他发现了 2592 是一个不可摧毁的数：$2592 \to 2^5 \times 9^2 = 2592$。在没有找到另一个数的情况下，他猜想这就是唯一的不可摧毁的数。

尼尔·斯隆进行了一次更深入的探索，发现 24 547 284 284 866 560 000 000 000 $\to$ $2^4 \times 5^4 \times 7^2 \times 8^4 \times 2^8 \times 4^8 \times 6^6 \times 5^6 \times 0^0 \times 0^0 \times 0^0 \times 0^0 \times 0^0 =$

24 547 284 284 866 560 000 000 000。他现在猜想不存在其他不可摧毁的数。这种状况实在令人震惊。

执行"乘方队列"的过程会摧毁每个整数，因为这些整数会迅速被缩减为个位数，除了 24 547 284 284 866 560 000 000 000 和 2592 这两个数以外。

这两个数有什么特别之处？

是否有读者会尝试验证，在更大的数字中不存在第三个例外？

在计算机能很好地补充我们有限的数字处理能力的情况下，这些问题看起来很简单。然而，实践表明它们并不简单：直到现在，无论是数学推理还是计算机计算，都无法找到韧性超过 11 的整数！而且，无论是寻找这样的数，还是证明 11 就是最大值，人们已经对此感到绝望了。

下面是乘法韧性 p 等于 1, 2, 3, $\cdots$, 11 的最小整数 N 的列表：

p	N
1	10
2	25
3	39
4	77
5	679
6	6788
7	68 889
8	2 677 889
9	26 888 999
10	3 778 888 999
11	277 777 788 888 899

有关整数韧性最早的文献是尼尔·斯隆 1973 年的一篇论文。他指出，10^{50} 以下不存在韧性超过 11 的整数。斯隆也猜想，存在一个整数 c（很可能是 11），使得每个整数的乘法韧性都不超过 c。

乘法韧性的概念在十进制以外的进制中也有意义。斯隆提出的猜想的一般形式就是，对于所有 b 进制，都存在一个（与 b 有关的）常数 $p_{\max}(b)$，它就是 b 进制下整数韧性可能的最大值。

■ 直到 10^{500} 的验证

2011 年，澳大利亚的马克·戴蒙德在十进制的情况下进行了当时最先进的计算，证实了所有小于 10^{333} 的整数的韧性都不可能超过 11。我们对 $p_{max}(10) = 11$ 的猜想也就越来越有信心：在十进制下，所有整数的乘法韧性都不超过 11。

逐个计算整数来进行直到 10^{333} 的验证是完全不可能的。最漫长的计算，比如大数分解或者密码破解的计算，只包含大概 10^{21} 次运算。这样的运算要占据相当强大的几十台机器几个星期的时间，费用也十分高昂。需要超过 10^{21} 次基本运算（或者指令）的计算并非不可能，但 10^{25} 就是一个我们在数年内都不可能逾越的技术界限。当然，10^{333} 可能永远都无法实现。

所以，如何验证一直到 10^{333} 的方法就值得去理解了。这说明了，即使在一台强大的计算机上编写程序，智慧和数学也大有作为，而且能让我们远远超越技术对那些冒进的程序的限制。这些都建立在一系列观察事实的基础之上，其中每一个事实都能节省计算量。在这里，我们只考虑十进制的乘法韧性，下面就简称为"韧性"。

要点 1：如果一个数包含数字 0，那么其韧性就是 1，所以不需要考虑那些包含至少 1 个 0 的整数。

要点 2：删去一个数的所有数字 1，其韧性不会改变，所以不需要考虑包含 1 的整数。

要点 3：如果一个数包含偶数的数字（2、4、6、8）和 5，那么其韧性最大是 2，因为其数字的积结尾为 0。所以不需要考虑那些既包含偶数数字又包含 5 的整数（例如 7 877 995 → 1 111 320 → 0）。

要点 4：整数中数字的顺序对于韧性的计算无关紧要，这是显然的，因为数字乘积不依赖数字的书写顺序。所以，23 477 和 77 324 的韧性相同，于是我们可以只考虑那些数字从小到大排列的整数，比如 222 667 779 999。这样做不会漏掉任何整数，比如 772 992 并不会被直接验证，但会通过 227 799 被间接处理，这个数字更小，但它们的韧性相同。

要点 5：将任何要探讨的整数 N 中的数字 8 换成 222，将数字 4 换成 22，将数字 6 换成 23，将数字 9 换成 33（比如说 8 726 793 会变成 22 272 237 333），得到的整数韧性与 N 相同，我们把它叫作 N 的正则形式。于是，我们可以只研究包含素数数字 2、3、5、7 的整数。

将这 5 个观察结果加起来，就可以推出，所有在两步内不会得到 0 的整数，都与某个形如 222...2333...3777...7 或者 333...3555...5777...7 的数拥有相同的韧性。

在 2011 年进行的测试中，戴蒙德实际上对所有拥有上面这两种形式，但包含不超过 1000 个 2、不超过 1000 个 3、不超过 1000 个 5、不超过 1000 个 7 的整数进行了计算，但他没有找到韧性超过 11 的整数。

我们注意到这个测试并没有考虑包含 334 个数字 8 的整数 88...8，因为它不会被直接处理，其正则形式是由 1002 个数字 2 组成的整数 222...2，戴蒙德并没有计算它的韧性。这个数 88...8（334 个 8）是超出测试范围的最小整数，因为其他将整数化为正则形式的代换（4 → 22、6 → 23、9 → 33）让数字变长的程度都不及 8 → 222 这个代换。也就是说，所有至多拥有 333 个数字的整数，都由 2011 年的这项测试直接或者间接地验证了。（该测试也处理了其他超过 10^{333} 的整数，但不够具有系统性。）

■ 定理仍未出现

戴蒙德的测试覆盖了所有小于 10^{333} 的整数，一共进行了大概 20 亿次韧性的计算。实际上，形如 222...2333...3777...7，而数字 2、3、7 出现的次数都在 0 和 1000 之间的整数一共有 $1001^3 = 1\ 003\ 003\ 001$ 个。第二种形式（333...3555...5777...7）也有相同数量的整数，于是一共有 2 006 006 002 个数字经过直接测试。与不经思考时要处理的 10^{333} 个情况相比，这可是个巨大的加速！2013 年 5 月，法国里尔基础计算机实验室的弗朗切斯科·德科米泰将验证扩展到了 10^{500}。

猜想验证过的范围如此之大，这固然可喜，但在数学家眼中，只要没有找到推理的证明，我们就只能继续说这是猜想，而不是定理。

尽管今天我们不能确定整数的韧性最大是 11，我们可以满足于下面的结果，它给出了直到无限的整数韧性的平均值：当 N 趋向于无穷大时，所有在 1 和 N 之间的整数的乘法韧性平均值会趋向于 1（也就是比 11 小得多）。我们之后会看到，这个（被证明的）结果来自对乘法序列终点的研究。

十进制中每个乘法序列都会终结于 10 个数字之一，也就是它的终点（有时候也叫作乘法数字根）。我们可以在 oeis.org/A031347 中找到整数终点的列表。

然而，各个数字成为终点的概率并不相同。计算表明，对于在 1 到 100 之间的 N，它的终点有 25 次是 0，只有 2 次是 1，有 23 次是 8。下表列出了 N 在 1 到 100 之间、1 到 1000 之间、1 到 10 000 之间等的具体情况。

从 1 到 10^n 的整数按照"终点"的划分									
终　　点	0	1	2	3	4	5	6	7	8	9
从 1 到 10	1	1	1	1	1	1	1	1	1	1
从 1 到 10^2	25	2	9	3	10	7	14	3	23	4
从 1 到 10^3	477	3	77	6	65	40	155	6	161	10
从 1 到 10^4	6740	4	543	10	279	172	1172	10	1050	20
从 1 到 10^5	2402	5	3213	15	894	607	6843	15	5971	35

我们看到，终点是数字 0 的整数占大多数，而且比例越来越大，甚至似乎逐步趋向于 100%。要证明这一点，我们注意到，当随机选取包含 c 位数字的整数时，它不包括 0 的概率是 $(9/10)^{c-1}$（第二个数字不是 0 的概率是 9/10，第三个数字也是，如此等等）。当 c 趋向于无穷大时，这个概率会趋近于 0。

因为包含 0 的整数的韧性是 1，而那些不包含 0 的整数韧性最多是 $c+2$（见本章开头），所以当 N 趋向于无穷时，小于 N 的整数的平均韧性会趋向于 1。

可惜的是，知道平均值是 1 并不能告诉我们最大值是不是 11，因为平均值不能确定对平均值的偏离。

关于乘法序列的终点，还有另一个简单但悬而未决的问题。我们观察到，在 1 和 10^n 之间，一共有 n 个数的终点是 1（见上表中 1 开头的那一列）。这是因为当且仅当这个整数只包含 1 时，整数的数字乘积为 1。也就是说，这个整数必须是 1、11、111、1111、11111，等等。在 1 和 10^n 之间，至少有 n 个数的终点是 1（且只花一步就能达到）。

4. 保罗·埃尔德什[①]的提出的变体

据理查德·盖伊所说，匈牙利数学家保罗·埃尔德什就曾提出过一个乘法韧性的简单有趣的变体。他可能觉得十进制所有整数的乘法韧性最大为 11 的猜想太简单（然而还没解决），于是他提出，在每一步中，我们只计算非零数字的乘积，比如说 $4570 \to 140 \to 4$。

人们对这个"埃尔德什韧性"（它总是大于等于一般的韧性）的了解更加肤浅。施奈德发现了如下的整数，其埃尔德什韧性大于 11：

(1) 整数 $N = 5_{(16)} 7_{(13)}$（16 个 5，后接 13 个 7）的埃尔德什韧性是 12，即

55 555 555 555 555 557 777 777 777 777 $\to$ 14 784 089 722 747 802 734 375 $\to$
49 962 386 718 720 $\to$ 438 939 648 $\to$ 4 478 976 $\to$ 338 688 $\to$ 27 648 $\to$ 2688 $\to$
$768 \to 336 \to 54 \to 20 \to 2$；

(2) $7_{(42)} 8_{(2)} 9_{(14)}$ 的埃尔德什韧性是 13；

(3) $2_{(1)} 6_{(1)} 7_{(130)} 9_{(8)}$ 的埃尔德什韧性是 14。

威尔弗雷德·怀特赛德和菲尔·卡莫迪的发现一直达到 17：

(4) $6_{(1)} 7_{(157)} 8_{(46)} 9_{(25)}$ 的埃尔德什韧性是 15；

(5) $3_{(1)} 7_{(54)} 8_{(82)} 9_{(353)}$ 的埃尔德什韧性是 16；

(6) $3_{(1)} 7_{(27)} 8_{(622)} 9_{(399)}$ 的埃尔德什韧性是 17。

怎样才能确定不可能找到更高的纪录？同理，怎样才能知道是否能够达到某个最大值？埃尔德什没有回答，但他提出了下面的猜想：对于任意的 b 进制，都存在一个常数 $p'(b)$，它就是 b 进制下整数的埃尔德什韧性的最大值。这个改动后的猜想比原来的更困难，而且人们不确定它是否正确，因为时至今日，即使在十进制的情况下，人们对于所述的那个不可逾越的最大值似乎还一点想法都没有！

---

① 即埃尔德什·帕尔（Erdös Pál），匈牙利人名习惯是姓在前名字在后，与大部分西方国家相反。而在英文文献中，其姓名通常写成 Paul Erdös，翻译为保罗·埃尔德什。——译者注

◼ 终点与叠一数

要证明在 1 和 10^n 之间恰好存在 n 个整数的终点是 1，只需要证明形如 1111...1 的整数（它们也叫作叠一数）除了 2、3、5、7 以外至少还有一个素因子。这是因为如果叠一数 A 只有 2、3、5、7 作为素因子，那么存在另一个数 B（以 A 的所有素因子作为数字），本身不是叠一数，但其数字乘积是叠一数，因此它的终点是 1。这样的话，对于足够大的 n，在 1 和 10^n 之间就一定会有超过 n 个整数的终点是 1。

人们对叠一数的研究很深入，为此甚至建有专门的网站。所有被完全分解的叠一数都有一个大于 9 的素因子（见 stdkmd.net/nrr/repunit/）。2013 年，我从伊夫·塞萨里那里听来了一个巧妙的证明，可以得出所有超过两位数的叠一数都拥有一个大于 9 的素因子。从中可以推出，上面表格中 1 开头的那一列就是数列 1, 2, 3, $\cdots$, n，直到无穷。

在终点表格中，德科米泰注意到了另外 3 列。

❑ 3 开头的一列和 7 开头的一列包含了相同的数字，它们是形如 $n(n-1)/2$ 的三角形数，能在帕斯卡三角形的第三列中找到：1, 3, 6, 10, 15, 21, $\cdots$

❑ 9 开头的一列包含了帕斯卡三角形的第四列中形如 $n(n-1)(n-2)/6$ 的数：1, 4, 10, 20, 35, 56, 84, 120, $\cdots$

跟 1 开头的一列一样，证明在这些列中的数至少是这些值很容易，但也很有可能在之后偏离。这取决于一些有关整数如何分解为素数的可能很困难的猜想。

数学家有时就像故事里在路灯下找钥匙的那个醉汉。人们问他："你确定钥匙丢在了路灯下面吗？"他答道："不知道，但是这里比较亮。"

数学家还没能成功解决十进制下乘法韧性的基础问题（最大值是不是 11？），于是他们也对各种派生的问题感兴趣，其中有些问题被解决了，正是因为它们就在路灯下。

▪ 其他进制中的情况

第一个派生问题的想法就是考虑不同的进制。在二进制中，乘法韧性的问题特别简单。整数的二进制表示只包含 1 和 0。如果整数包含 0，那么它在二进制中的乘法韧性就是 1（而终点就是 0）。如果整数不包含 0，也就是说它只由 1 组成，那么它在二进制下的乘法韧性也是 1（而终点就是 1）。所以，在二进制中没有未知：0 和 1 的乘法韧性是 0，其他整数的韧性都是 1。

三进制的情况就有趣起来了。整数的三进制表示由数字 0、1、2 组成。如果它包含 0，那么韧性就是 1，终点就是 0。否则，数字 1 并不重要，数字的乘积就是 2 的乘方。

而事实上，在三进制下，除了 2^1、2^2、2^3、2^4 和 2^{15} 以外，2 的所有乘方似乎都包含会让乘法序列终止的 0。

对三进制下 2 的乘方的检验已经达到了 $2^{10\,000}$，除了之前提到的 5 个数以外，它们无一例外都包含 1 个 0。

这并不是证明，而可惜的是，"从 2^{16} 开始，所有 2 的乘方的三进制表示至少包含 1 个 0"这个猜想似乎很困难。

真可惜，因为如果我们承认这个猜想，那么三进制下的韧性问题就解决了。

(1) 如果 N 包含 0，那么它在三进制下的乘法韧性就是 1。

(2) 如果 N 只包含 1，那么它在三进制下的乘法韧性就是 1。

(3) 如果 N 等于 2^1、2^2、2^3、2^4 或者 2^{15}，下面的计算给出了它们的韧性 p（下标表示进制）：

$2^1 = 2$，$p = 0$；
$2^2 = 12_3 \rightarrow 2$，$p = 1$；
$2^3 = 22_3 \rightarrow 11_3 \rightarrow 1$，$p = 2$；
$2^4 = 121_3 \rightarrow 2$，$p = 1$；
$2^{15} = 221\,122\,221_3 \rightarrow 1012_3 \rightarrow 0$，$p = 2$

(4) 如果 N 只包含 1 和 2，而 2 的个数有 1、3、4 或者 15 个，

那么我们在一步之后就得到了 (3) 中的情况。根据情况不同，对应的韧性是 1、2、3、2、3。比如说 $1\,121\,122_3 \rightarrow 22_3 \rightarrow 11_3 \rightarrow 1$。

(5) 如果 N 只包含 1 和 2，而 2 的个数不是 1、2、3、4 或者 15 的话，那么（假定有关 2 的乘方的猜想正确）它的韧性就是 2，因为 N 的下一步会得出包含 0 的整数，再下一步就会得到 0。

所以，三进制中的乘法韧性最大值就是 3，而拥有这个韧性的最小整数就是 $26_{10} = 2 \times 3^2 + 2 \times 3 + 2$，在三进制中的乘法序列是 $26 = 222_3 \rightarrow 22_3 \rightarrow 11_3 \rightarrow 1$。

我们已经知道其他进制下的一些性质，但都不足以解开最大韧性的问题。

■ 可变进位制

在可变进位制的范畴中，有些情况中的乘法韧性问题已被完全解决：终于找到了合适的路灯！在十进制中，322 201 这串数字表示的整数是：

$3 \times 10^5 + 2 \times 10^4 + 2 \times 10^3 + 2 \times 10^2 + 0 \times 10 + 1$

在可变进位制 $B = (b_1, b_2, \cdots, b_n, \cdots)$ 中，322 201 代表的整数则是

$3 \times b_5 \times b_4 \times b_3 \times b_2 \times b_1 + 2 \times b_4 \times b_3 \times b_2 \times b_1 + 2 \times b_3 \times b_2 \times b_1 + 2 \times b_2 \times b_1 + 0 \times b_1 + 1$。

如果每个 b_i 都大于等于 2，那么所有整数在进位制 B 中都至少有一种表示。此外，如果我们要求从右往左第 i 位数必须比 b_i 要小，那么整数在进位制 B 中的表示就是唯一的。因此，我们要求进位制 B 中的整数表示满足这个条件。

可变进位制是一般进位制的自然推广，特别是可以用来简单地表示有差异的度量衡：1 埃居 = 3 里弗尔，1 里弗尔 = 20 苏，1 苏 = 12 第纳尔[①]。

所谓的"阶乘进位制"备受数学家青睐，其中我们取 $b_i = i+1$。因此，在阶乘进位制中，322 201$_F$（这里下标 F 意即阶乘进位制）表示的整数就是：

---

① 埃居、里弗尔、苏和第纳尔都是法国在中世纪使用的货币名称。——译者注

$$3 \times 6! + 2 \times 5! + 2 \times 4! + 2 \times 3! + 0 \times 2! + 1$$
$$= 3 \times 720 + 2 \times 120 + 2 \times 24 + 2 \times 6 + 0 \times 2 + 1$$
$$= 2461_{10}$$

当然，在阶乘进位制中，"韧性"这个概念也有意义：要计算整数 N 在乘法序列中的下一项，我们将其阶乘进位制表示中的数字相乘，然后用阶乘进位制表示结果。将有关韧性的猜想推广到阶乘进位制，就是最大的韧性 p_{Fmax}。

戴蒙德和丹尼尔·里德帕斯证明了，这个猜想在阶乘进位制中是错误的。他们用到的方法对于"埃尔德什韧性"（只将非零数字相乘）也适用，在阶乘进位制中，关于这种韧性的答案也是否定的。

下面讲一下戴蒙德和里德帕斯的证明。在十进制中，我们可以使用 $0, 1, \cdots, 9$ 这些数字。在阶乘进位制中，从右到左第 n 位可以使用从 0 到 n 的整数。（最右边那一位可以是 0 或者 1，它前面的一位可以是 0、1 或者 2，等等。）

从这一点出发，我们知道所有整数 N 都可以由另一个整数 M 得出（也就是说 M 在阶乘进位制表示中数字的乘积是 N），而这个整数 M 不包含任何 0。这个数就是 $M = N11\cdots1_F$，它有 $N-1$ 个 1，的确是阶乘进位制中的有效表示，因为它从右到左的第 N 位数字在 0 和 N 之间。如果所有整数都能从另一个整数得出，那么阶乘进位制中的韧性就不可能有最大值：我们从 $A_1 = 11_F = 3_{10}$ 开始（它的韧性是 1），然后观察它的前一项 $A_2 = 311_F$，再观察 A_2 的前一项 A_3，以此类推。根据定义，整数 A_N 的韧性就是 N。韧性并没有最大值。

实际上，上面讲到的方法适用于任何 b_i 没有最大值的可变进位制。这引出了最后这个全新的猜想（比其他猜想更难），这个猜想也是我在这里第一次提出的：

对于所有 b_i 小于某个常数的可变进位制，其中的乘法韧性（通常定义或者埃尔德什的定义）也有上限。

这次我们就不太可能还在路灯下了！

第 10 章

折纸的数学

折纸这门艺术可追溯到多个世纪以前，但对它的数学研究还是近来的事，其中揭示了它与代数、数论和算法的直接联系。

折纸是一门将纸折叠成立体图形的艺术，既可以是几何形体，比如盒子或者多面体，也可以是形象，比如动物、花朵、人物，等等。在单纯的折纸游戏中，我们从一张正方形的纸出发，途中只能沿着直线折叠，不能用剪刀剪开。在形式更复杂的折纸艺术中，我们可以用几张纸构建单个形体（组合式折纸），也可以裁剪、黏合或是为了固定形态而将纸张打湿，甚至利用工具绘出圆弧折叠线。

折纸是一门将正方形纸折叠起来的艺术，既不需剪开也不需黏合。有说法称，这门艺术在 17 世纪起源于日本，并在 19 世纪流行到全世界。我们很难考究它最早的历史，因为保存下来的文献甚少，但可以肯定的是，在这项美妙的创造性消遣流行到全世界之前，早已出现在中国、意大利、德国和西班牙。

对折纸的数学研究始于 1907 年，在近 30 年取得了长足进展，揭示了其中丰富的内容。在确定哪些数"能用折纸构造"方面，人们已取得了一些显著的成果。这些数跟所谓的"尺规数"很相似，而在 19 世纪对尺规数的研究解决了化圆为方的问题（答案是否定的）。从 1989 年开始，就有一个国际会议专门研讨折纸中的数学以及它在教学中的应用，2018 年 9 月，第七届会议在英国牛津举行。

我们在下面要介绍的几个定理，都是折纸这个不断扩张的领域的基础，而折纸似乎也应该在生物学（其中蛋白质的折叠是个核心问题）和新技术领域中发挥作用，其中可能用显微镜才可观测到的可重组结构，需要我们更深入地理解铰接和折叠这些操作。

■ 折痕展开图

我们先关注纯粹折纸，即从一张正方形纸开始，沿着直线折叠，最终得到平整的构型。在法国，最著名的纯粹折纸就是纸母鸡，而在日本则是另一种鸟类，也就是更优美也更难折的纸鹤。

我们拿一张纸来折纸母鸡（见框 1）。在折好之后，将纸重新展开，观察这张纸上留下的折叠痕迹（在最终构型之中真正用到的那些痕迹），用红色和蓝色将它们画出来，将"山折"（向上凸起）涂成红色，"谷折"（向下凹进）涂成蓝色。如此一来，我们就得到了这个折纸的"折痕展开图"。不要以为，任何由蓝色和红色的直线段组成的图都是可行的折痕展开图！

所有折纸的折痕展开图都遵循由两个主要定理给出的规则，这些规则可以让我们发现折痕展开图中可能出现的错误。

第一个定理告诉我们，在纸上红色折痕与蓝色折痕相交的结点处，红色折痕的数目 R 和蓝色折痕的数目 B 满足 $R = B + 2$ 或者 $R = B - 2$。

这个定理是 1989 年由法国人雅克·朱斯坦发现的，后来又被日本人前川淳再次发现，这个定理本应以这个法国人的名字命名，但今天所有人都称这个引人注目的性质为"前川定理"。这个简单规则的证明也非常简单，但人们却花了这么长时间才认识到它，这难道不令人震惊吗？这个规则在绘制正确的折痕展开图时有着切实的用处。

---

1. **纸母鸡、折痕展开图和有关折纸的定理**

图 a 展示了如何折出母鸡。在得到鸡的形状之后，我们将纸重新展开，仔细观察折痕，也就是图 b。这些折痕有 3 种：

❑ 红色的**山折**，也就是折好的纸母鸡上，像山脊那样突起的线；

❑ 蓝色的**谷折**，与山折相反，也就是在最终形态下，像山谷那样凹下去的线；

❑ 灰色的其他折痕，它们只在折叠的时候用到，但在折好之后，其最终形态恢复成平的。

我们感兴趣的折痕展开图只包含最终留下的折叠（不包括展平的折痕）。它们的特殊数学性质如下。

性质 1 纸上由山折和谷折隔开的区域（在图 c 中以黄色和绿色表示）可以染成两种颜色，使得相邻的区域颜色不同。

性质 2 在由红色和蓝色的折痕组成的图上，纸上的所有结点都满足前川定理：汇聚在结点处的折痕，要么红色的比蓝色的多 2 条，要么蓝色的比红色的多 2 条。在这里，纸中间有 4 个结点，要么联结了 4 条红色折痕和 2 条蓝色折痕（左上角），要么联结了 3 条蓝色折痕和 1 条红色折痕（其他结点）。因此，联结某个内部顶点的折痕数是偶数，这也能推出性质 1。

性质 3 围绕着某个内部结点的折痕（折痕数为偶数），它们之间的夹角（a_1，a_2，$\cdots$，a_{2n}）满足川崎定理：$a_1 - a_2 + a_3 - a_4 + \cdots - a_{2n} = 0$。

因为 $a_1 + a_2 + a_3 + a_4 + \cdots + a_{2n} = 360°$，所以编号为偶数的角之和与编号为奇数的角之和都是 180°。对于纸母鸡来说，在 4 条红色折痕和 2 条蓝色折痕汇聚的结点处，角度分别是 $a_1 = 90°$、$a_2 = 90°$、$a_3 = 45°$、$a_4 = 45°$、$a_5 = 45°$、$a_6 = 45°$，而我们有 $a_1 - a_2 + a_3 - a_4 + a_5 - a_6 = 0$，$a_1 + a_2 + a_3 + a_4 + a_5 + a_6 = 360°$，$a_1 + a_3 + a_5 = a_2 + a_4 + a_6 = 180°$。

如果折痕展开图不满足这 3 个性质，那么它就不可能折起来，但满足这些性质的折痕展开图也不一定能根据折痕（而且不包括其他折痕）折起来。这是因为在折叠的过程中，有时候会碰到要让纸穿过自身的状况。图 d 就描述了这样的情况：它满足了这 3 种性质，但把它平整地折起来却是不可能的。请读者自己试一下。

能将纸在局部平整折叠的充分必要条件，是图中围绕结点的角满足 $a_1 - a_2 + a_3 - a_4 + \cdots - a_{2n} = 0$。换句话说，如果满足这个条件，那么就存在一种方法来选择这个结点的折痕是山折还是谷折，得出平整的折叠。于是我们可以这样问：给定一个折痕图（没有标明山折还是谷折），其中每个结点都满足川崎定理的条件（也就是说每个结点在局部都能平整折叠），那么能根据整个折痕图将纸整体平整折叠起来吗？答案是否定的。图 e 给出了这样的反例（这是托马斯·赫尔在 1994 年提出的），其中的折痕在局部都能平整折叠，但在全局看来却互不相容。

对于一幅纸上的折痕图，要知道是否可以选择折痕是山折还是谷折来满足之前的三个条件，这个问题在算法上不难。马歇尔·伯恩和巴里·海斯写出了一个能在线性时间内运行的算法（即运行时间是图中折痕数的线性函数），如果这样的选择存在的话，那么就给出一种选择，否则得出不存在的结论。因为找到这样的选择并不能保证能够将纸折叠起来，我们不禁要问：给定一个正确的折痕选择（满足 3 个性质），我们能否迅速得知，根据对应的折痕能否平整地将纸整体折叠起来？这次的答案是否定的，因为问题本身是 NP 完全的：我们不知道任何能够在多项式时间内解决这个问题的算法。图 f 中的折痕展开图（黑线是山折，蓝色虚线是谷折）来自折纸大师罗伯特·兰，纸中每个结点都满足前面的 3 个性质。

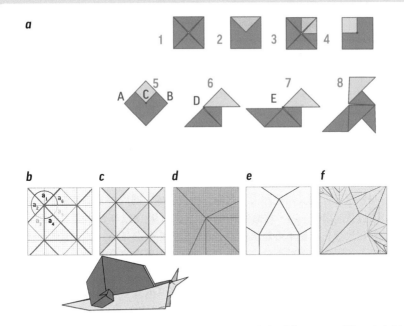

⊙ (1) 将正方形纸的 4 个角折到中心，(2) 将其中 1 个角折到背面，(3) 再将 4 个角折到中心，(4) 将折好的纸翻过来，(5) 将 C 点的角推出来并将 A 点和 B 点折起来。(6) 将 D 点处展开，然后将中心的角拉出来当作尾巴。(7) 将 E 点对称的 2 个角拉出来，(8) 折到下面当作脚。

2. 朱斯坦-藤田-羽鸟公理

用一张纸（假设是平整的）通过折痕和折痕交点折叠得到几何构造，雅克·朱斯坦、藤田文章和羽鸟公士郎的 7 个公理可以描述该构造方法。

公理 1：给定两个点 p_1 和 p_2，有且仅有一条折痕同时通过它们。

公理 2：给定两个点 p_1 和 p_2，有且仅有一种折叠方法能将 p_1 折到 p_2 上。

公理 3：给定两条直线 d_1 和 d_2，存在一种折叠方法能将 d_1 折叠到 d_2 上。

公理 4：给定一个点 p 和一条直线 d，有且仅有一种垂直于 d 的折叠方法，它的折痕会通过点 p。

公理 5：给定两个点 p_1 和 p_2 以及直线 d，存在一种折叠方法可以将 p_1 折到 d 上，而且折痕通过 p_2。

公理 6：给定两个点 p_1 和 p_2，以及两条直线 d_1 和 d_2，存在一种折叠方法能将 p_1 折到 d_1 上，同时将 p_2 折到 d_2 上。

公理 7：给定点 p 和两条直线 d_1 和 d_2，存在一种折叠方法可以将 p 折到 d_1 上，而且折痕与 d_2 垂直。

这些公理每次都只考虑 1 次折叠。也有人研究同时多次折叠的可能性，并证明了这可以扩充操作的可能性。

假设一开始有 2 个点，它们相隔 1 个单位，然后我们考虑通过重复折叠纸张得到的所有点，也就是应用公理 1 至 7 提到的折叠，而这些点的坐标就组成了折纸数的集合，我们将这个集合记作 OR。这个定义类似于尺规数集合，也就是从 2 个相距 1 个单位的点开始能用直尺和圆规构造出来的数。我们将尺规数集合记作 RC。

给定在平面上的一个圆，我们能用直尺和圆规画出一个面积与圆相等的正方形吗？这个问题又叫化圆为方问题，相当于确定圆周率 π 是否在集合 RC 之中。通过费迪南德·冯·林德曼的工作，人们自从 1882 年就知道了答案是否定的：任何尺规作图都不可能从相距 1 个单位的 2 个点开始，作出相距 π 个单位的 2 个点。尺规作图的理论也证明了 2 的立方根不在集合 RC 中，还有尺规作图不能三等分任意角。

集合 OR 比 RC 大一些。圆周率 π 仍然不在 OR 中，所以折纸也不可能解决化圆为方问题，但 2 的立方根却在 OR 中。古老的倍立方问题虽然不能用尺规作图解决，但可以用折纸解决。我们通过折纸也能三等分任意角（见框 3）。

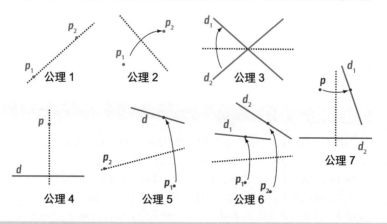

框 1 展示了这个定理以及其他纯粹折纸的折痕展开图的性质。那里也解释了，满足两个主要定理的折痕图是否真的能平整地折叠起来，这是一个 NP 完全问题（也就是说，在算法上很难解决）。

当我们折叠时，比如将纸上的一道折痕折到另一道上面的时候，这就相当于在纸上进行了一次几何作图。只要将纸展平，就能看到折痕的集合。我们假定这些折叠而成的几何作图有着完美的精度（折叠极其精细，折痕是完美的直线，对齐也完全精确，等等），它们跟古希腊人的尺规作图很相似，而尺规作图也让古希腊人提出了著名的化圆为方问题：用直尺和圆规作出圆周率 π（见框 2）。人们通常认为，阿那克萨戈拉于约公元前 430 年提出了这个问题。

■7 种折叠构成的公理

折纸数学家经常琢磨，比起希腊人的尺规作图，折纸能提供的几何作图种类更多了，更少了，还是完全一致？我们有一个精确的答案，而且其中大有奥妙。

首先我们必须明确哪些折叠操作是可行的，并将其归类。当一次只折出 1 条折痕时，我们有 7 种可能的折叠操作，也就是说，从纸上已有的折痕或者结点出发，有 7 种进行新的折叠的方法。这 7 种基本操作定义了折纸的 7 条基础公理，即所谓的"朱斯坦－藤田－羽鸟公理"。

如果我们必须只应用前 4 条公理的话，那指的就是毕达哥拉斯折纸，这样得到的几何作图能力跟直尺和画规（两脚都是针尖，只能转移距离但不能画圆的圆规）的作图能力相同。

这种作图能力定义了"毕达哥拉斯数"，就是能通过前 4 条公理（或者直尺和画规）作出所有点的坐标。

从代数方面来看，毕达哥拉斯数就是从整数出发，通过任意多次的连续加减乘除运算，以及给定 a 和 b 计算 $a^2 + b^2$ 的平方根，能得到的所有数。因此，$\sqrt{2}$ 是一个毕达哥拉斯数，因为 $2 = 1^2 + 1^2$，同样，下面的数也是毕达哥拉斯数：

$$\frac{\sqrt{9 + (1 + \sqrt{2})^2}}{11 / \sqrt{2}}$$

圆周率 π 和 2 的立方根不是毕达哥拉斯数。

利用前 4 条折纸公理得到的作图能力比尺规作图弱。要得到相同的作图能力（不多也不少），我们需要增加公理 5 定义的第 5 种折叠方法。

■ 折纸构造的欧几里得数

用这种方式得到的数又叫欧几里得数，也就是那些可以通过对整数加减乘除和开平方根得到的数。比如，下面这个数就是欧几里得数：

$$\frac{\sqrt{\sqrt{2}/(4+\sqrt{11})}}{\sqrt{\sqrt{2}+2\sqrt{21}}}$$

我们知道圆周率 π 不是欧几里得数，这正是化圆为方问题在只用尺规作图的条件下无解的原因。

---

3. 芳贺定理

有理数

芳贺和夫的定理指出了一种用折纸快速构造所有有理数（两个整数之比）的方法。

我们的起点是一张边长为 1 的正方形纸（图 I），上边沿有一点 P。

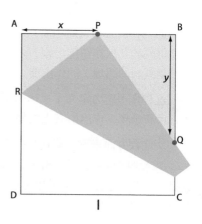

这个点 P 是之前通过折叠得到的。我们将左下角折到 P 上。令 $x = AP$，容易证得 $y = BQ = 2x/(1 + x)$。如果取 $x = 1/2$，那么就会得到 $y = 2/3$，从中可以得到 $QC = 1/3$。用这个过程，我们可以逐步得到所有分数。下面的表格可以帮你做到这一点。

2 的立方根

彼得·梅瑟的折纸法能"计算"（用直尺和圆规得不到的）2 的立方根。

我们使点 P（正方形纸的左下角）在上边沿上滑动（图 II），首先将它放在左上角，然后沿着边向右直线滑动，直到点 Q（下边沿左边 1/3 处）碰到离左边沿 2/3 的竖直线。当碰到的时候，我们就得到了 P 的最终位置，而 PB/PA 就等于 2 的立方根。

三等分角

接下来要说的就是用折纸构造三等分角 CAB，这是阿部恒得出的结果（见图 III）。我们先折出两条水平折痕 PP′ 和 QQ′，使得 QQ′ 处于 PP′ 和正方形纸下边沿的正中间。然后我们将 P 折到线段 AC 上，同时将 A 折到折痕 QQ′ 上。角 A′AB 就是角 CAB 的 1/3（因为角 PAQ、角 QAA′ 和角 A′AB 相等）。

AP	BQ	QC	AR	PQ
x	$2x/(1+x)$	$(1-x)/(1+x)$	$(1-x^2)/2$	$(1+x^2)/(1+x)$
1/2	2/3	1/3	3/8	5/6
1/3	1/2	1/2	4/9	5/6
2/3	4/5	1/5	5/18	13/15
1/5	1/3	2/3	12/25	13/15

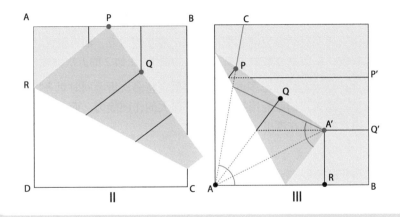

所以，用前 5 种折叠方法也无法得到圆周率 π，即使使用上所有 7 种方法也没有办法。2 的立方根同样不是欧几里得数，这就是古老的倍立方问题（给定一个立方体，用直尺和圆规构造一个体积是之前 2 倍的立方体）无解的原因。

前 5 个折纸公理给出了与直尺和圆规一样的作图能力，再加上公理 6 和公理 7 能不能超越尺规作图能力？答案是肯定的。折纸数的集合（用上 7 种类型的折叠）比欧几里得数的集合要大。

在数学家看来，这个数集可以从整数开始，通过加减乘除、开平方和开立方得到。下面这个例子，就是能用折纸构造却不能用尺规作图构造的数：

$$\frac{\sqrt{\sqrt{2}+2\sqrt[3]{21}}}{\sqrt[3]{\sqrt[3]{2}/(4+\sqrt{2})}}$$

这一次，倍立方问题和三等分角的问题就可以解决了，如果只用前 5 个公理，那么这些问题都无法解决，用尺规作图也不行。对公理 7 的研究表明它不是必要的，因为其中的作图方法用前 6 个公理也可以得到。这些折纸数包括所有一元一次、二次、三次、四次方程的解。

人们给出了各种便利的方法来用折纸解出任意的三次方程。如果希腊的几何学家能使用直尺和圆规，还能精确画出各种圆锥曲线（椭圆、抛物线、双曲线）的话，那么他们得到的就恰好是折纸的作图能力。

即使有了 7 种折叠方法，我们仍然不能化圆为方，而且也无法得到许多代数数（系数是整数的多项式方程的根），比如 2 的五次方根。

然而，如果我们考虑多重折叠，也就是将多次折叠同时对齐以得到某个构型，那么我们就能用折纸得到更强大的作图能力，而我们今天仍然不知道它的极限在哪里。

■ 得到代数数的多重折叠

例如，罗伯特·兰就证明了不能依靠折纸的 7 条基本公理五等分任意角（将给定的角等分成 5 份），但采用一次双重折叠就可以了。这些新折叠方法的研究可能很困难，而且计算机的帮助必不可少。

借助计算机，罗杰·阿尔珀林和罗伯特·兰计算出双重折叠需要考虑的公理一共有 489 条。这两位研究者确定了，采用 $(n-2)$ 重折叠可以解开任意的整系数 n 次多项式方程。这就说明，如果考虑最一般的多重折叠，那么折纸理论上的作图能力能给出所有代数数，这是之前人们未曾预想到的。

■ 一刀剪定理

著名的美国魔术师哈里·霍迪尼曾经在一个魔术中将一张纸折叠起来，用剪刀剪了一下，然后将纸展开，就得到了一个完美的五角星形状的洞。做到这一点需要的折叠并不是特别复杂，但它引出了马丁·加德纳于 20 多年前在文章中提出的一个问题：以这种方法——先折叠，然后剪一刀——能得到什么样的形状？答案令人吃惊：所有由直线构成的图案都可以，比如小鸭子或者蝴蝶的形状（见框 4）。

这个关于剪一刀的绝妙结果又叫"一刀剪定理"（fold-and-cut theorem），要归功于加拿大的埃里克·德曼、马丁·德曼（前者的父亲）和安娜·卢比夫。他们在 1999 年证明了这个结果，而这个构造性的证明描述了一个算法，能给出应该进行的折叠。自此之后，在第一个证明之上又出现了各种补充，由此导出了两种不同的方法来求解应该如何折叠及剪开才能得到给定的图形。

关于折纸最简单的问题之一，就是一张纸（或者一块布料）最多可以对折几次。这个问题有两个版本：要么我们沿着同一个方向对折，这样的话我们就更偏向使用一张非常长的纸，要么我们将纸按照两个垂直的方向折叠。

有一个不知从何而来的论断认为，连续对折的次数最多就是 8 次。一位美国年轻人布里特妮·加利文对这个问题燃起了热情。她提出了一个有趣的数学公式来帮助理解这个问题，同时将对折的纪录刷新到了令所有人意想不到的高度。在将金箔沿两个方向对折 12 次之后，这位当时的女中学生弄到了一卷 1200 米的卫生纸，然后将它沿同一个方向对折了 12 次。

加利文仔细地研究了这类折叠的物理－几何性质。跟人们的惯性思维相反的是，对于一条厚度固定的纸带，要将折叠数的纪录提高一个层次，将纸带长度加倍还不够，这需要长度大概是之前 4 倍的纸带。这是因为当我们将已经折好的纸带再折起来时，相当一部分纸带会被用在水平部分的连接处上。

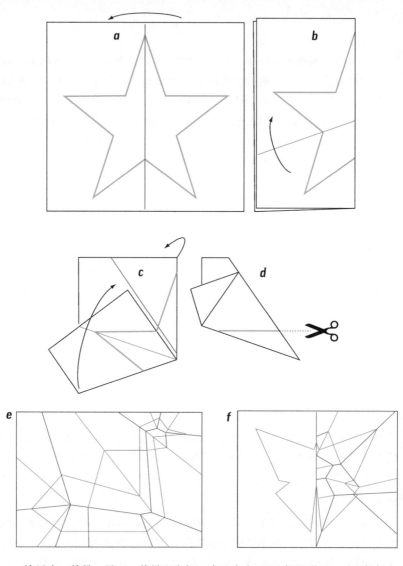

埃里克·德曼、马丁·德曼和安娜·卢比夫在 1999 年证明了，对于任何在纸上由线段组成的图案，都可以通过将纸先折起来再剪一刀（只剪一刀！），得到恰好沿这些线段剪开的结果。因此，我们可以一刀剪出五角星（图 a 至图 d），甚至剪出更复杂的图案，比如鸭子或者蝴蝶（图 e、图 f）。更多细节请看埃里克·德曼的网站：erikdemaine.org/foldcut/。

■ 被纸张厚度限制的折叠

加利文证明的公式，给出了在连接折叠处水平部分花掉的纸张长度：

$$L = e\pi(2^n + 4)(2^n - 1)/6$$

其中，e 是纸张的厚度，n 是折叠的次数。我们能看到，当 n 增加 1 时，L 变成原来的大约 4 倍。

今天人们对折纸的研究远不止这些方面。我们发现，这些看似简单的几何问题背后隐藏着美妙的数学，它们自然跟集合有关，但与数论、代数、算法和复杂度理论也有关。这个主题还远未穷尽，它涉及的内容广泛得惊人：在 2011 年新加坡大学举办的折纸会议上，会议论文集就包括了 50 多篇文章，一共有 654 页！

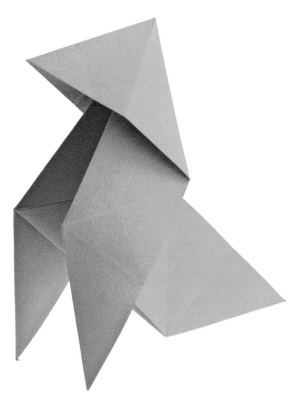

图与几何的游戏

图和镶嵌都是组合和几何中的
对象，人们最近才开始研究它们。数
学家在研究这些领域时，总给人一种
"玩游戏"的感觉，其实他们研究的
是最玄妙、最困难的问题。

第 11 章

方格上的漫步

根据某些规则，用方格构造多边形或用正方体构造多面体，能带来各种独出心裁的谜题，而且还很有装饰性效果。

1990 年 9 月，《科学美国人》上刊登了亚历山大·迪尤德尼的一篇文章，讲述了一个看似微不足道的问题：对于什么样的整数 n，存在直线构成的多边形，使得各边长度按顺序分别是 1, 2, 3, …, n？这个问题的另一种表述与散步路线有关：在一个道路横平竖直构成完美方形网格的城市里，我们能否从某个交叉点出发，走过一个街区，转过一个直角（向左向右都可以），走过两个街区，再转过一个直角（左右都可以），走过三个街区，等等，最终回到出发点？

■ 多边形的计数

这个问题是在 1988 年由英国人李·撒洛斯提出的。出于某种不被知晓的原因，他将这种图形称为"直边形"（golygon）。撒洛斯逐步得出结论，只有当 n 是 8 的倍数时（见框 1），对应的直边形才存在。他发现了拥有 8 条边的唯一直边形，并注意到它能够铺满平面。我们一般将有 $8n$ 条边的直边形叫作 n 阶直边形，将它们的个数记作 $a(n)$。因为 8 条边的直边形只有 1 个，所以 $a(1) = 1$。2 阶直边形有 16 条边，它们的个数是 $a(2) = 28$，而其中只有 3 个直边形的边没有互相交叉。

---

1. **唯一的1阶直边形**

直边形就是所有边的夹角都是直角，而边长依次为 1, 2, …, n 的多边形。只存在一个拥有 8 条边的直边形（图 a），这也是唯一已知能铺满平面的直边形（图 b）。直边形的边数必定是 8 的倍数。下面我们来看看怎么用 6 步证明这个断言。

(1) 给定一个 n 条边的直边形，显然 n 是偶数，因为直边形水平边和竖直边一样多：$n = 2m$。

(2) 不失一般性，假设长度为 1 的边是竖直的，那么竖直边（跟水平边交错出现）的长度就是 1, 3, $\cdots$, $2m - 1$。其长度的和也就是 $1 + 3 + \cdots + (2m - 1) = m^2$。

(3) m^2 是偶数，因为向上走的边长度的和跟向下走的边长度的和一样，所以 m 本身也是偶数。

(4) 水平边的长度是 2, 4, 6, $\cdots$, $2m$，总和就是 $2 + 4 + \cdots + 2m = 2(1 + 2 + \cdots + m) = m(m + 1)$。

(5) 当我们沿着直边形周围行走时，有些边的方向是从左到右，另一些则是从右到左。从左到右的边的长度之和是偶数（因为它是偶数的和），而它等于从右到左的那些边长度之和。我们从而得知 $m(m + 1)/2$ 是偶数，所以 $m(m + 1)$ 是 4 的倍数。

(6) 因为 m 是偶数，所以 $m + 1$ 是奇数，根据第 5 点，m 就是 4 的倍数，而 $n = 2m$ 就是 8 的倍数。

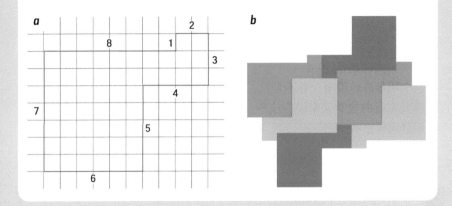

利用程序，人们计算出 $a(3) = 2108$（有 2108 个拥有 24 条边的 3 阶直边形），$a(4) = 227\,322$（有 227 322 个拥有 32 条边的 4 阶直边形）……

由此我们有：$a(1) = 1$，$a(2) = 28$，$a(3) = 2108$，$a(4) = 227\,322$，$a(5) = 30\,276\,740$，$a(6) = 4\,541\,771\,016$，$a(7) = 739\,092\,675\,672$，$a(8) = 127\,674\,038\,970\,623$，$a(9) = 23\,085\,759\,901\,610\,016$，$a(10) = 4\,327\,973\,308\,197\,103\,600$，等等。直到 $n = 100$ 的 $a(n)$ 的值可以参见：oeis.org/A007219/b007219.txt。

这些计数结果不是通过逐个枚举直边形得到的，这样做最多只能达到 $a(11)$，而是利用了直边形的特殊性质，比如下面这个你也能轻易猜到的解释：将一个直边形的水平移动（"向左"或者"向右"的序列）和另一个直边形的竖直移动（"向上"或者"向下"的序列）各自提取出来，再组合起来，就得到了新的直边形。

我们知道 $a(n)$ 的一个渐近公式：$a(n) \sim 3 \times 2^{8n-6}/[\pi n^2(4n+1)]$。人们也提出了一个准确但非常复杂的公式（见尼尔·斯隆的在线整数数列大百科的页面 oeis.org/A007219）。这些结果都主要来自 1991 年发表的一篇论文（见参考文献），其 4 位作者都赫赫有名：撒洛斯，他是直边形以及新奇的"几何幻方"的发明者；马丁·加德纳，他在 25 年间为《科学美国人》撰写数学专栏，而且他非常乐意参加这项关于稀奇古怪的行走路径的研究；理查德·盖伊，他最广为人知的事迹是与约翰·康威在博弈论上开展的富有成果的研究合作；还有高德纳，他是计算机行业的"圣经"——《计算机程序设计艺术》的作者，这本著作有 2000 多页，高德纳从 1962 年开始写作，其最新的一本分册于 2019 年出版。这个明星阵容说明，并不是只有数学爱好者才对小谜题感兴趣，而对于热爱本行的数学家来说，这些谜题跟学术界研究的问题一样值得重视，而且同样玄而又玄。

2. 自身不相交的直边形

大部分直边形与自身相交，而那些与自身不相交的情况更为有趣，因为它们对应的路径不会经过同一个地点两次。弗朗切斯科·德科米泰打破了计算其个数的纪录，数出这种包含 32 条边的直边形一共有 1259 个。魏因贝格的程序数出了有 40 条边的直边形一共有 41 381 个，有 48 条边的有 1 651 922 个，有 56 条边的有 73 095 122 个。图中用绿色画出了所有 25 个拥有 32 条边自身不相交的直边形，它们的长宽相等。用橙色画出了 3 个拥有 32 条边自身不相交的直边形，它们更扁。

■ 不要经过同一处两次

要知道，在 $a(n)$ 中有多少个 n 阶直边形不会与自身相交（见框 2），以及确定这样的正方组合，实际上是一项相当精细的工作，而且在这种情况下需要逐个枚举 n 阶的直边形。人们并没有找到任何精确或者渐近的相关公式。这些数值定义的数列记作 $b(n)$。在 1991 年的论文中，4 位数学家指出 $b(1) = 1$, $b(2) = 3$, $b(3) = 67$，而之后的项就超出他们程序的界限了。里尔信息学、信号与自动化实验室的弗朗切斯科·德科米泰和利奥波德·魏因贝格认为，他们利用现在的机器就能计算出 $b(4)$。德科米泰算出 $b(4) = 1259$，而魏因贝格用另一个完全不同的程序给出了相同的结果，完成了验证。魏因贝格的程序能计算出 $b(5) = 41\ 381$（40 条边），$b(6) = 1\ 651\ 922$（48 条边）和 $b(7) = 73\ 095\ 122$（56 条边）。

将这些计数程序完善一下，并利用更强大的计算能力（比如计算机组成的网络），我们也许能计算 $b(8)$ 甚至 $b(9)$。如果某位读者敢于冒险完成这个壮举的话，请联系我！在框 2 中，德科米泰画出了几个由 32 条边组成而自身不相交的直边形。他画出的直边形是那些长宽最接近和长宽差距最大的。

在所有与自身不相交的直边形中，除了 1 阶直边形之外，还有没有别的直边形能铺满平面？这个问题时至今日仍未解决。答案有可能是否定的，因为对边长的限制似乎让我们无法想象如何用直边形互不重叠地铺满这个平面。另一个有趣的问题则是：我们能否找到一组能一起铺满平面的 n 阶直边形？

■ 有关素数的变体？

与其考虑用数列 1, 2, 3, …, n 作为边长，不如用直到某个素数 p 的素数序列作为边长。这样我们就提出了一个新的问题，而我们下面会看到为什么这个问题没有解，原因就是数列 2, 3, 5, 7, 11, 13… 之中只有一个偶数 2。下面就是这个断言的 5 步证明。

1. 直边形的水平边和竖直边数目相同，因为当沿着直边形边沿前进时，我们会交替用到水平边和竖直边。

2. 水平边长度总和总是偶数，因为当沿着边沿前进时，我们向右走和向左走的距离相同。同样，竖直边长度的总和也是偶数。

3. 如果有一个边长是从 2 到 p 所有素数（2, 3, 5, 7, …, p）的直边形，而水平边长度为 2 的话（假定这一点对证明的一般适用性没有影响），那么水平边的数目就必须是奇数，才能使长度之和为偶数（我们从 2 开始，为了总和是偶数，接下来就需要偶数个素数）。

4. 所以，竖直边的个数也是奇数，因此其长度之和也是奇数（奇数个奇数加起来还是奇数），这跟第 2 点矛盾。

5. 所以，不存在边长为从 2 到 p 的素数序列（2, 3, 5, 7, …, p）的直边形。

但人们并未就此止步：哈利·史密斯提出可以将 2 换成 1，并且找到了这种情况的解。对于 16 条边来说，这样的直边形有 2 个，它们是（用一目了然的记号表示）：

□ 1 北 3 东 5 北 7 西 11 北 13 西 17 北 19 东 23 北 29 西 31 北 37 东 41 南 43 东 47 南 53 西；

□ 1 北 3 东 5 南 7 西 11 南 13 西 17 北 19 东 23 北 29 西 31 南 37 东 41 南 43 东 47 北 53 西。

■ 换个角度：α - 直边形

要得到直边形的另一种变体，可以将连续两边之间唯一允许的夹角 +90° 和 –90° 换成其他角度。撒洛斯深入研究了这个问题，比如说，他搜索了那些拥有 60° 和 –60° 角的 "直边形"（见框 3）。关于这些变换角度得到的变体，一位退休的数学教师汉斯·科尔内证明了一个引人注目的结果，陈述如下：对于所有形式为 (n/d)360°，其中 n 和 d 都是整数的角度 α 来说，存在这样的直边形，其相邻的边的夹角是 α 或者 –α，而边长则依次为连续整数 1, 2, …, k。

3. **α - 直边形**

如果我们将直边形中的 90° 和 –90° 角换成 α 和 –α，那么我们就得到了 "α - 直边形"。当 α = 60° 时，对边数较少的 α - 直边形的研究给出了一些有趣的结果。这里给出了最小的 3 个 α - 直边形（由撒洛斯发现），它们的边数分别是 9、11 和 12。

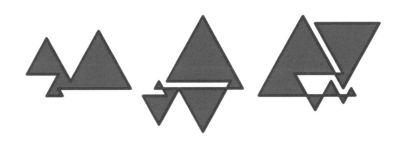

这个证明并不能确定这样的直边形不会与自身相交。我们也不知道如何刻画能让"α - 直边形"存在的角度，但我们知道除了形如 $(n/d)360°$ 的角度之外，有时其他角度也能给出 α - 直边形（见框 4 中最简单的例子）。在 1990 年左右进行的这些研究之后，2014 年上半年，有人进行了一项令人震惊的工作，将直边形推广到了三维空间。

4. 最简单的α - 直边形

撒洛斯研究了拥有最少边数的 α - 直边形，其中借助了一个程序，它会尝试大量的可能性，根据一定间隔的值，改变角 α 的角度。程序会记住那些几乎闭合的图形，也就是终点非常靠近起点的图形。这又是一个计算机帮助解决问题的故事，但数学思维仍有用武之地。最后的赢家是一个 6 条边组成的 α - 直边形，其中 α = arccos(3/4)。紧接 6 条边的冠军之后的是 8 条边的直边形，也就是我们在框 1 中碰到的直边形，其中 α = 90°，还有另一个 8 条边的 α - 直边形，其中 α = arccos(4/5)。

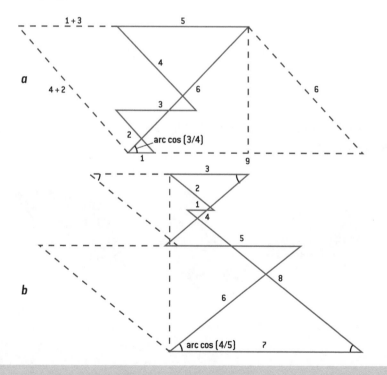

■ 三维中的直面体

约瑟夫·奥劳尔克于 2014 年 2 月 23 日在 *Mathematics Stack Exchange* 网站（math.stackexchange.com/）上，以及于 2014 年 4 月 28 日在 *Mathoverflow* 网站（mathoverflow.net/about）上，提出要研究由完全相同的边长为 1 的正方体（所以每个面的面积是 1）面对面黏合而成的多面体，其中每个面（必定由正方形组合而成）的面积分别是 1, 2, 3, ···, n。因为这样的多面体每个面之间没有自然的顺序，所以我们对面积的顺序不作要求。奥劳尔克建议将这样的多面体称为"直面体"。他的问题是：直面体是否存在？奥劳尔克猜想，答案是否定的。然而在 2014 年 4 月 30 日，英国剑桥大学三一学院的亚当·古彻在 *Math-Fun* 邮件列表上发了一条信息，宣布他已经找到了含有 32 个面的直面体（见框 5）。在他同时发表的一篇文章中（见 cp4space.wordpress.com/2014/04/30/golygons-and-golyhedra/），他解释了找到这第一个直面体所用到的方法。他也给出了推导过程，证明了少于 11 个面的直面体不可能存在，以及直面体面的个数必然形如 $4k$ 或者 $4k + 3$（见框 6）。这仍然没有回答下面的问题：能使 n 个面的直面体存在的最小整数 n 是多少？根据已证明的有关这个最小整数的限制，它只能是以下的整数之一：11, 12, 15, 16, 19, 20, 23, 24, 27, 28, 31, 32。

---

5. 已知的直面体

数学家约瑟夫·奥劳尔克提议研究将直边形的定义推广到三维得到的直面体。直面体的定义就是那些将边长为 1 个单位的立方体面对面粘起来得到的多面体，其中每个面的面积恰好是连续整数 1, 2, ···, n。人们证明了少于 11 个面的直面体（见框 6）不存在。今天，我们只发现了 5 个直面体，它们各自有 11、12、15、19 和 32 个面——它们都是在 2014 年被发现的。直面体研究者之一弗朗切斯科·德科米泰，画出了其中 4 个最复杂的直面体（下图中看不见的面，其面积由红色数字标出）。现在轮到你来找出缺少哪一个直面体了！

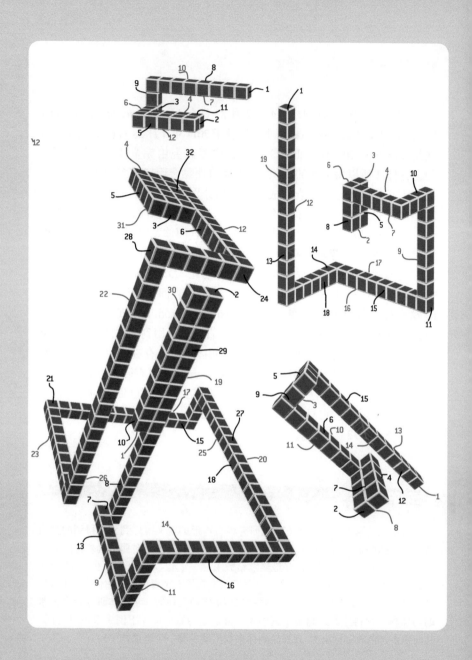

直边形的边数必定是 8 的倍数（见框 1）。同样，也不是任意整数都能成为某个直面体的面数。我们现在知道直面体的面数必定形如 $4k$ 或者 $4k + 3$，也必定大于 10。换句话说，直面体面数的可能取值就在以下的序列之中：

11, 12, 15, 16, 19, 20, 23, 24, 27, 28, 31, 32, 35, $\cdots$, $4k$, $4k + 3$, $\cdots$

在这里，我们来看看怎么用 6 步推导证明这个断言。

1. 直面体的表面积必定是偶数。

通过将立方体一个个粘到一开始的立方体上，可以得到所有直面体。然而，每当我们增加 1 个立方体，组成多面体表面的立方体的面的个数（也就是表面积）总会保持相同的奇偶性。这是因为，如果新添加的立方体只有 1 个面被粘上，那么它隐藏了之前的 1 个面但增加了 5 个面，总数就增加了 4，奇偶性跟之前相同。如果新的立方体有 2 个面被粘上，那么它隐藏了 2 个面但增加了 4 个面，总数就增加了 2，奇偶性还是跟之前相同。如果新立方体有 3 个面被粘上，那么它隐藏了 3 个面又增加了 3 个面，奇偶性不变。如果新立方体有 4 个面被粘上，那么它隐藏了 4 个面又增加了 2 个面，奇偶性不变。如果新立方体有 5 个面被粘上，那么它隐藏了 5 个面又增加了 1 个面，奇偶性不变。如果新立方体有 6 个面被粘上，那么它隐藏了 6 个面，奇偶性不变。一开始只有 1 个立方体，表面积是 6。因为 6 是偶数，而且每次添加立方体时奇偶性都不变，所以这样构成的多面体表面积是偶数。

2. 直面体的面数一定形如 $4k$ 或者 $4k + 3$。

从 1 到 n 的整数之和 $S(n) = 1 + 2 + \cdots + n$ 等于 $n(n + 1)/2$。如果 $n = 4k$，那么这个和等于 $4k(4k + 1)/2 = 2k(4k + 1)$，是个偶数。如果 $n = 4k + 1$，那么这个和 $S(n)$ 等于 $(4k + 1)(4k + 2)/2 = (4k + 1)(2k + 1)$，是个奇数（因为是两个奇数的乘积）。根据第 1 点，这不可能在直面体上出现，因为它的表面积必定是偶数。如果 $n = 4k + 2$，那么和 $S(n)$ 等于 $(4k + 2)(4k + 3)/2 = (2k + 1)(4k + 3)$，也是奇数，不可能在直面体上出现。最后，如果 $n = 4k + 3$，那么这个和就是 $(4k + 3)(4k + 4)/2 = (4k + 3)(2k + 2)$，是个偶数。

3. 面的类型有 6 种。

由相同的立方体面与面之间黏合而成的多面体，它的面都是由相同的正方形沿着边黏合起来的多边形，而所有这样的多面体都有 6 种面。

的确，根据面朝向 $0z$ 轴还是反方向，平行于 xy 平面（由 $0x$ 和 $0y$ 轴决定）的面有 2 种。我们将这两种类型的面记作 $xy/z+$ 和 $xy/z-$。同理，也有 2 种面平行于 xz 平面（$xz/y+$ 和 $xz/y-$），另外还有 2 种面平行于 yz 平面（$yz/x+$ 和 $yz/x-$）。

4. $xy/z+$ 型表面的面积总和等于 $xy/z-$ 型表面的总和。同样的结论对 $xz/y+$ 和 $xz/y-$ 型、还有 $yz/x+$ 和 $yz/x-$ 型也成立。

在证明这个性质时，需要留意到，（$xy/z+$ 型和 $xy/z-$ 型的面积总和的）等式对于单个立方体成立，而在某个满足这个等式的由立方体黏合而成的多面体上再粘上 1 个新的立方体，等式仍然成立（这与第 1 点的推导类似）。

5. 至少有 3 个不同的面与 xy 平面平行，因为如果只有 2 个面与之平行的话，那么根据之前的几轮所看到的，它们一个是 $xy/z-$ 型，另一个是 $xy/z+$ 型，而且应该面积相同，但这是不可能的，因为直面体每个面的面积都不相同。同理，至少有 3 个不同的面与 xz 平面平行，也至少有 3 个不同的面与 yz 平面平行。这说明直面体至少有 9 个面。

6. 根据第 2 点，9 和 10 这两个数字不可能是直面体的面数，所以直面体至少有 11 个面。而可能的面数由如下数列给出：11, 12, 15, 16, 19, 20, 23, 24, 27, 28, 31, 32, 35, $\cdots$, $4k$, $4k+3$, $\cdots$。

2014 年 5 月 9 日，阿列克谢·尼金提出了 15 个面的新纪录直面体。10 天之后，埃里克·弗里德曼发现了第 3 个直面体，但没有打破面数最少的纪录，因为它有 19 个面。直面体"大小"的最小值只能是 11、12 或者 15。

出乎众人意料的是，2014 年 5 月 24 日，尼金发现了 12 个面的直面体。这个直面体有着惊人的性质：我们不用胶水，只将立方体一个个叠起来，就能完成构造。这是因为如果摆放方向适当的话，那么这个直面体可以分解为一系列立方体的竖直堆叠，它们互相紧挨着，每一叠都仅由一个放在地上的立方体以及竖直放在它上面的更多立方体组成。

最后，2014 年 6 月 11 日，尼金提出了 11 个面的解（见 yadi.sk/d/Zzw_Q6gKTZjwk）。他证明了 11 个面是可行的。

但还有一些问题仍未解决。

❑ 是否从 12 开始，对于任何形如 $4k$ 或者 $4k+3$ 的整数 n，都存在 n 个面的直面体？

❑ 对于每个可能的 n，有 n 个面的直面体有多少个？

❑ 有没有能镶嵌整个空间的直面体？

在无尽的数学领域中，我们会遇到美妙的事物，也会遇到向爱好者和职业数学家提出的难题。这些难题有时候必须用计算机来解决，但计算机毕竟也来自最优秀的人类的智慧，它并未掌握普适的办法来回答逐渐堆积的问题，而问题的堆积速度有时比解决速度更快……

火柴棍艺术

　　我们可以用火柴棍摆出连成一片的平面图，其中所有边的长度都相等。但这些图还远未吐露出它们所有的秘密。

　　心灵手巧的人可以用火柴棍造出巧夺天工的雕塑。居住在美国艾奥瓦州的哥特式建筑的狂热爱好者帕特里克·阿克顿就造出了这种令人震撼的雕塑，比如，他做的沙特尔主教座堂模型（见下图）就是由 174 000 根火柴精心黏合而成的（见 www.matchstickmarvels.com/the-models/ ）。

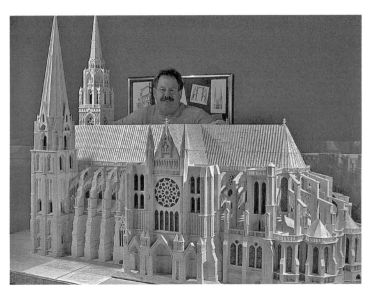

⊙ 沙特尔主教座堂的模型，由火柴棍建造而成。后面是帕特里克·阿克顿。

　　数学家的游戏所需的火柴棍数量要少得多。从这些火柴棍中，数学家发现了关于能用长度相同的线段画出图案的几何或者拓扑问题，由此拓展出新的研究领域。他们也会拿出一盒火柴，尝试亲自动手解决这些问题。数学家为一些问题建立了精细的列表，而另一些问题更困难，催生了实打实的研究课题，而研究的进展却不迅速。

当我们在平整的表面上摆放一些互不交叉的火柴时，如果将它们首尾相接连成一片，那么我们就画出了一种特殊类型的图——"火柴棍图"或"单位距离图"，因为我们可以假设火柴的长度就是单位长度（见框 1 中的例子）。关于火柴棍图的研究既有趣又严肃，比起建造大教堂，数学家还是更愿意把时间花在这些研究上。

　　对于两个图 G 和 G'，如果其顶点和边的数目都相同，而且可以将 G 和 G' 的顶点以适当的方式对应起来，使得 G 中的每条边（也就是许多对顶点）都与 G' 中的某条边有着对应的顶点，那么 G 和 G' 就是"等价"的，或是"同构"的。因此，在框 1 中，图 a 和图 b 同构，但图 a 和图 c、图 c 和图 d 则不同构。要说明一点，我们在这里所说的图并不是有向图（即认为边 xy 等同于边 yx），既不存在从顶点连向自身的边（即不存在边 xx），也不会有两条边连接同一对顶点（即没有重边）。我们只考虑那些连成一片的图，也叫"连通图"，其中任意两个顶点总可以通过由边组成的一条通路连接起来。我们之后不再一一说明。

　　让数学家感兴趣的第一个问题是：给定火柴棍的数目，比如 6 根，可以有多少种不同的（连成一片的）火柴棍图，即不同构的图？我们将这个数记作 $a(n)$。很容易就能得到 $a(1) = 1$，$a(2) = 1$，$a(3) = 3$，$a(4) = 5$。试着拿几根火柴计算一下 $a(5)$ 的结果，来玩一下吧（答案就在框 1 内）！

1. 同构图与同胚图

　　火柴棍图是在平面上能连成一片的图，其中每条边都是长度相等的线段，而且没有互相交叉。

　　对于两幅图来说，如果改变其中一个图顶点的名称就能将二者变成一样的图，也就是说，让它们拥有完全相同的边的话，那么就说两个图是"同构"的。比如，图 a 和 b 同构，但图 a 和图 c 不同构，图 c 和图 d 也不同构。

　　想象一下，两个图都只是由橡皮筋连成的网，如果能将其中一个变形为另一个的话，那么我们就说，它们在拓扑上是一样的，或说"同胚"的。例如，图 a、图 b、图 c 都是同胚的，图 d 则与其他图都不同胚。图 A 和图 B 表示的是同胚构成的类别。

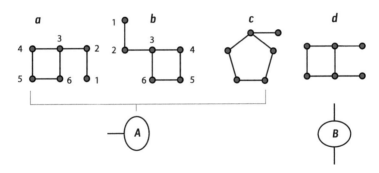

下图展示了用 5 根火柴做成的 12 个互不同构的平面图，它们能被分为 10 个同胚类别。

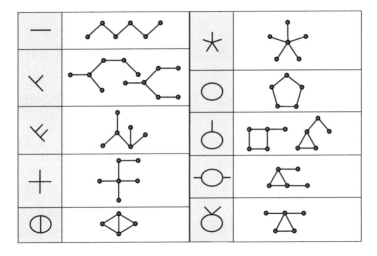

下表给出了用 n 根火柴棍在平面上组成互不同构的图的个数 $a(n)$，以及这些火柴棍图的同胚类别数 $b(n)$。

n:	1	2	3	4	5	6	7	8	9
$a(n)$:	1	1	3	5	12	28	74	207	633
$b(n)$:	1	1	3	5	10	19	39	84	196

■ 火柴棍图的计数

$a(n)$ 的值定义了尼尔·斯隆的在线整数数列大百科上的数列 A066951（见 oeis.org/A066951）。截至本书出版时，我们已知道直到 $a(10)$ 的值。

现在，还没有人提出 $a(n)$ 的公式。

还有另一个有趣的计数问题：在所有用 n 根火柴组成的（连成一片的）火柴棍图中，有多少个图有着不同的拓扑结构？

这个问题的答案跟前一个问题不太一样，因为对于两个图 G 和 G′，想象它们是由橡皮筋组成的，如果可以从 G 变形得到 G′ 的话（不必担心结点，只需考虑边），那么它们就拥有相同的拓扑结构，也可以说它们是同胚的。

因此，框 1 中的图 b 和图 c 在拓扑上是等价的（即使它们并不同构）。

然而，图 c 和图 d 在拓扑上并不等价，分别对应着不同的同胚类别（图 A 和 B）。

第二个计数问题是确定由 n 根火柴组成的（连成一片的）火柴棍图能分为多少个同胚类别。我们将这个数列记作 $b(n)$。

很容易验证 $b(1) = 1$，$b(2) = 1$，$b(3) = 3$，$b(4) = 5$。目前为止，这都与 $a(n)$ 没什么区别，但 $b(5) = 10$，而 $a(5) = 12$。如框 1 所示，这是因为一些不同构的图属于同一个同胚类别。数列 $b(n)$ 是在线整数数列大百科中的 A003055，它给出了直至 $n = 10$ 的 $b(n)$ 值。在这里，$b(n)$ 的一般公式仍是未知的。

你可以用 6 根火柴手工解决下面这个漂亮的小问题（当然，你要有耐心，并集中精神）：找到所有 28 幅不同的火柴棍图，然后将它们分为 19 个不同的同胚类别。

更困难的挑战是对 7 根、8 根甚至 9 根火柴进行相同的工作。

你可以对照萨尔维亚最近发表的列表来核对你的成果。

每个顶点都连接恰好 *k* 条边的图称为 "*k* - 正则图"，*k* - 正则的火柴棍图在 $k = 1$ 和 $k = 2$ 的情况下很容易确定。当 $k = 2$ 时，那就是由 *n* 个顶点和 *n* 条边构成的环形图，其中最小的图就是一个简单的等边三角形。当 $k = 3$ 时，要找到 *k* - 正则火柴棍图就没那么容易了，最小的解包含 8 个顶点。当 $k = 4$ 时，哈博特图就是其中一个解，但我们不确定它是不是最小解。当 $k > 4$ 时无解。对于球面上的火柴棍图来说，当 $k = 5$ 时，只有一个解，即球内接正二十面体在球面上的投影。

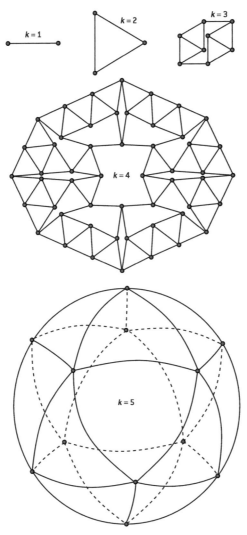

我们来看最小环路长度 T 不等于 3 的 k - 正则火柴棍图——图中不能包含三角形。当 $k = 3, T = 4$ 时,S. 库斯和 G. 马佐科洛发现了一个 20 个顶点的解(图 a),他们也提出了一个方法,能生成顶点数为大于等于 20 的偶数且 $T = 4$ 的 3 - 正则火柴棍图。思路(见图 b)是将中间的四边形用一系列连成串的四边形来代替(每增加一个四边形,顶点数目也增加 2)。当 $k = 3, T = 5$ 时,对于这一更困难的情况来说(既没有三角形,也没有四边形),目前得到的最小的解是图 c 中这个 180 个顶点的图。

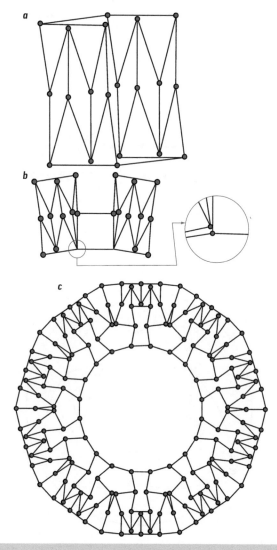

■ k - 正则图

即使用上计算机，要计算出这样的完整列表也相当困难，因为图同构甚至图同胚的概念很难编写为程序。对 $n = 9$ 的突破将会是一项功劳，能够补充萨尔维亚的列表和整数数列大百科上的数据。谁想试一下？

在某幅图中，我们将某个顶点邻接点的个数，也就是以它为端点的边的条数，称为这个顶点的"度"。根据定义，k - 正则图就是所有顶点都拥有相同的度 k 的图。这样的图拥有均一性。由正多面体和半正多面体顶点和边构成的图都是正则图。1986 年，南非不伦瑞克大学的海科·哈博特提出了一个非常漂亮的问题，关于用火柴棍可以在平面上摆出的正则图。这个问题在今天也只是被部分解决了，它包括两个部分：

1. 当整数 k 为何值时，存在 k - 正则的火柴棍图？

2. 对于每个这样的 k 值，对应的 k - 正则火柴棍图最少有多少个顶点？

框 2 展示了 4 幅图，给出了 $k = 1, 2, 3, 4$ 的解答。$k = 3$ 的图并不那么显然易见，但要找到它只是个难度适中的小谜题，可以在用餐之前让朋友思考。这个挑战的题目是："寻找在桌上摆放火柴的方法，使得火柴不相交，而每根火柴的两端都各自恰好碰到另外两根火柴的末端。"

这至少需要准备 12 根火柴。如果一位朋友找到了答案，那么可以让他解决当 $k = 4$ 时的情况（火柴末端恰好碰到另外 3 根火柴的末端），这时就要准备 104 根火柴了。今天，人们以哈博特的名字命名他在 1985 年发现的绝妙解答。

这个 52 个顶点的图是刚性的：我们不能在保持所有连接的情况下将它变形（$k = 3$ 的解就不是刚性的）。

要确切知道哈博特图顶点的坐标，是个相当棘手的问题，但为了确定这个图的确存在并且证明它的刚性，这也是必不可少的。这项工作直到 2006 年才由埃伯哈德·格布拉赫特利用计算机代数软件完成，在计算过程中，他必须处理次数为 22 的多项式。

■ 哈博特图是最小的解吗?

当 k = 1, 2, 3 时,我们确定没有比框 2 中的例子更小的解。当 k = 4 时,人们还没有成功证明哈博特图就是最小的解。2011 年,德国拜罗伊特大学的萨沙·库斯和以色列理工学院的罗姆·平哈希借助程序证明了 4 - 正则的火柴棍图至少有 34 个顶点。这离哈博特 52 个顶点的解还很远,但我们现在还不知道怎么做得更好,所以人们仍在寻找比哈博特图更小的 4 - 正则火柴棍图。

4. 保罗·埃尔德什的问题

1946 年,保罗·埃尔德什思考了一个问题:当我们在平面上放置 n 个点时,最多能在多少对点之间得到相同的距离?如果允许边互相交叉的话,那么利用火柴棍图可以更简洁地叙述这个问题。

用火柴棍图的语言来叙述埃尔德什的问题,就是:n 个顶点的火柴棍图的最大边数 $f(n)$ 是多少?对于前几个 n 值来说(n = 1, 2, ⋯, 6),用画图的形式就能轻松地回答这个问题。然而,为了走得更远,就要准备好耐心和窍门,或者一台计算机。

$f(n)$ 的序列就是整数数列在线大百科的数列 A186705。埃尔德什证明了,有两个大于 0 的常数 c 和 c',使得 $n^{1+c/\log(\log(n))} < f(n) < c'n^{3/2}$。不等式右边的指数 3/2 曾被改进了,首先是 1.44,然后改成 4/3。但我们今天知道的只有这些,也不知道 $f(n)$ 满足的一般公式,我们对此知道的不比 $a(n)$ 和 $b(n)$ 多。下面是这个问题已知的火柴棍图(图片来自 C. 谢德,见 P. 布拉斯、W. 莫泽和 J. 帕赫的著作)。

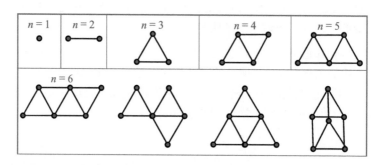

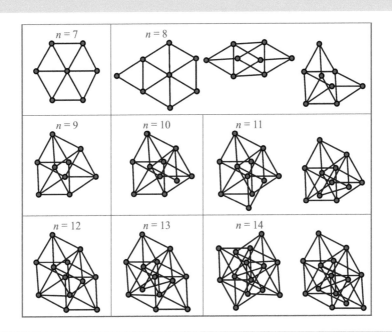

5. 埃里克·弗里德曼的火柴棍图

埃里克·弗里德曼对顶点度数只能为 n 或者 m 的火柴棍图很感兴趣（n 和 m 是两个给定的整数，在这里 $m = 1, 2, 3$，$n = 2, 3, \cdots, 8$）。我们将其称为"n-m 型火柴棍图"。在每种情况下，人们寻找的都是最小解。

n m	2	3	4	5	6	7	8
1							
2							
3							

■ 当 $k > 4$ 时无解

当 $k = 5$ 时，人们一直怀疑问题无解。人们提出了多个证明，尝试证实这种不存在性。起初，其中一些证明有问题。今天被接受的证明要归功于荷兰艾恩德霍芬大学的阿尔特·布洛克海斯、库斯和平哈希。这些证明没有一个简单得能写在这里！

我们注意到这种不可能性仅限于平面。在球面上，只要取球面内切正二十面体（有 20 个面的柏拉图立体）的棱在球面上的投影，就能在球面上画出一个 5 - 正则的火柴棍图（见框 2）。

当 $k = 6$ 时，通常意义上的火柴棍图，即顶点有限的火柴棍图不存在，但我们很容易就能想到一个无限的解。花 3 秒钟想想吧！（答案：正三角形铺满整个平面。）

当 $k \geqslant 6$ 时，这次我们就能轻易证明解答不存在。证明用到了平面图的欧拉公式，它指出，对于平面图来说，总有 $V - E + F = 2$，在这里 V 是顶点的个数，E 是边的总数，而 F 是面（即图分隔开的平面区域，也包括图外面的区域）的个数。

现在我们来给出证明。如果图是 k - 正则的话，那么每个顶点都连着恰好 k 条边，所以 $kV = 2E$。欧拉公式就变成了：

$2E/k - E + F = 2$，即 $F = 2 + (1 - 2/k)E$。

被图分隔开的每个区域都至少被 3 条边包围，而每条边恰好挨着 2 个区域。这说明 $F \leqslant 2E/3$。从中我们得到 $2E/3 \geqslant 2 + (1 - 2/k)E$，也就是 $0 \geqslant 2 + (1/3 - 2/k)E$。但是，当 $k \geqslant 6$ 时，这是不可能的，因为 $1/3 - 2/k$ 会大于等于 0。这样，证明就完成了。

在一个图里，对于边的列表来说，如果沿着这些边走能回到出发点，那么这就是一个环路，而这样的列表最短的长度又叫最短环路的大小。我们将这个参数记作 T。数学家对这个参数很感兴趣，因为 T 足够大的图很罕见。在哈博特图中 $T = 3$（它包含三角形）。库斯和意大利摩德纳大学的朱塞佩·马佐科最近发表的一篇论文研究的就是 $T > 3$ 的 k - 正则火柴棍图（它们也更难找到）。

我们已经知道，当且仅当顶点数为偶数且大于 8 时，$T = 3$ 的 3 - 正则单位距离图才存在。这篇论文证明了，当且仅当顶点数为偶数且大于等于 20 时，$T = 4$ 的 3 - 正则火柴棍图才存在。他们找到的 20 个顶点的图令人十分震惊，要非常仔细地看才能确认这些火柴（它们必须极其细）只在端点处相互接触（见框 3）。

除了证明 $T = 4$ 的情况以外，这些研究者还成功构造了 $T = 5$ 的 3 - 正则火柴棍图（见框 3 图 c）。它拥有 180 个顶点，而且非常美妙。我们不知道它是不是这个类别中最小的。

再次利用欧拉公式，可以证明 $T \geqslant 6$ 的 3 - 正则火柴棍图不存在。

两位作者在论文中向在 1986 年引入火柴棍图问题的哈博特致敬。他们说："火柴棍又便宜又简单，从中却诞生了刺激、困难而又有真正数学意蕴的问题。"

这些问题的变体给出了一系列数学谜题，可供人们长时间把玩。比如，美国佛罗里达州斯特森大学的埃里克·弗里德曼就对一类特殊火柴棍图很感兴趣，在这类图中有两种顶点，第一种的度数是 n，第二种的度数是 m（这是 k - 正则火柴棍图概念的自然推广）。这种图是否总是存在？对于给定的 n 和 m，这类图中最简单的是什么？

这方面最新的结果可以在迈克·温克勒等人的论文《新的最小 $(4;n)$ - 正则火柴棍图》（*New minimal (4;n)-regular matchstick graph*）中找到（见 arxiv.org/pdf/1604.07134.pdf）。

■ 一个 NP 难的问题

解决这些问题的难度有一个间接解释，这次它会把我们引导到现代计算理论的核心。澳大利亚学者彼得·伊兹和尼古拉斯·沃莫尔德证明的一个结果解释了这些问题的难度：在平面上画出给定的图，使得每条边长度相等，这个问题是"NP 难"的。这说明，如果我们知道如何高效地完成这个任务（也就是说，花费的时间是边的数目的一个多项式函数），那么我们就能高效地解决大量其他问题；而其中一些问题被公认非常困难，它们被称为 NP 完全问题。说白了，在仅给出边的连接的情况下，当边数增加时，画出火柴棍图所需的计算时间很快就变得长得出奇，这一点毫无疑问。

■ 单位距离点对的最大值

火柴棍图就是平面上一些点的集合，其中与一条边相连的所有顶点距离都恰好是 1 个单位。关于这种距离为 1 的点的集合，有一个很自然的问题，正是匈牙利大数学家保罗·埃尔德什在 1946 年首次思考了这个问题。给定一个整数 n，我们考虑平面上的 n 个点，最多有多少对点相互的距离恰好是 1？如果允许火柴棍交叉的话（此前考虑的都是不交叉的情况），那么这个数字就是 n 个顶点的火柴棍图的最大边数，我们把它记作 $f(n)$。埃尔德什对数列 $f(n)$ 很感兴趣，它引出了一连串的论文。通过简单的画图就能得出前几个 $f(n)$ 的值：$f(1) = 0$，$f(2) = 1$，$f(3) = 3$，$f(4) = 5$，$f(5) = 7$，$f(6) = 9$。对于更大的数，问题就更加棘手，正如框 4 中最优构型展示的那样，它们给出了这些数值：$f(7) = 12$，$f(8) = 14$，$f(9) = 18$，$f(10) = 20$，$f(11) = 23$，$f(12) = 27$，$f(13) = 30$，$f(14) = 33$。

数学的美感和重要性可能与我们在火柴棍图的研究中观察到的东西有关：一开始，课题很简单，似乎只是一个相当容易掌握的组合问题。然而在逐步深入研究之后，各种各样的数学与我们擦肩而过（精细的计数、拓扑、多项式、复杂性类，等等），最后组成了既货真价实又困难的研究课题，没有人知道怎么彻底解决它们，而相关的进展提供了富有魅力的数学对象，比如哈博特图，最终这又丰富了数学本身。

■ 后记

最近火柴棍图的列表得到了扩充。亚历克西斯·韦斯这项宏大工作的结果可以在这里看到：alexis.vaisse.monsite-orange.fr/page-54b81c6bc01a2.html

在亚历克西斯·韦斯的计数中，他找到了 2008 个 10 条边的火柴棍图，可以分为 33 类。对于那些想验证、延伸和使用这项结果的读者来说，在上文所说的网页中可以找到有关这些图的各种数据和程序。韦斯打算处理拥有 11、12 或 13 条边的火柴棍图，继续扩充火柴棍图的列表。

第13章

六环的挑战

有无可能，一个平面图形可以铺成一大片面积，却不能铺满整个平面？这就是 1968 年提出的"黑施问题"。

数学家对用尽可能简单的几何图形铺满平面很感兴趣。他们将这些平铺方法按对称性分类，构造了能发现新平铺图形的算法，研究了只能以非周期形式平铺的图形，等等。除了这些经典问题以外，有些人研究的不是能铺满整个平面的图形，而是那些只能在 1 个点或者自身周围密铺的图形——这就是环绕镶嵌问题。在这里，我们要介绍两个这样的问题：第一个问题今天已被解决，而第二个问题的解答只是偶有进展，整体上仍然是个迷。

⬆ 由海因茨·沃德伯格的九边形组成的螺旋

我们从一个看似基础的谜题开始。给定一个平面图形或者一块地砖 P，我们能否用 P 的复制品绕着它围成一圈，且砖块之间不留下任何空隙？这样的铺法至少需要多少块跟 P 一样的地砖？

一块正方形地砖可以轻松地被 6 块相同地砖包围（见下图 a），而这也是最小值；更好的情况是长方形，所有长方形地砖都可以被 4 块形状相同的地砖包围（图 b）；某些形状的地砖甚至可以被 3 块与自身形状相同的地砖包围（图 c）。

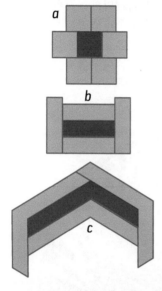

○ 我们能用相同形状的地砖将一块地砖完美地围绕起来吗？

图中展示了一块方形地砖以及围绕它的由 6 块方形地砖组成的环；对于长方形来说，只要 4 块就够了（图 b）。某些地砖只用 3 块形状相同的地砖就能被包围起来（图 c）。我们能否找到一种地砖，只用 2 块相同的地砖就能组成围绕它的一个厚度不为零的环？凯西·曼解决了这个问题，他用到了由海因茨·沃德伯格在 1936 年发现的一系列地砖。

我们先澄清一下大家可能对"环绕"二字产生的误解。围绕一块地砖 P 的环应该拥有非零的厚度 e，也就是说，从地砖外一点到中心地砖 P 上一点的最小距离应该总是大于等于 e。如果在围着中心地砖 P（或地砖的集合 E）的地砖中，抽出 1 块就会使没有铺上地砖的区域与中心地砖（或者 E）接触，那么这个地砖集合就被视为环绕 P（或者 E）的一个环。

想知道 2 块地砖 P 是否能构成围绕形状相同的中心地砖 P 的环，拿起笔和纸试试看！（如果没有找出答案的话，请见下图。）

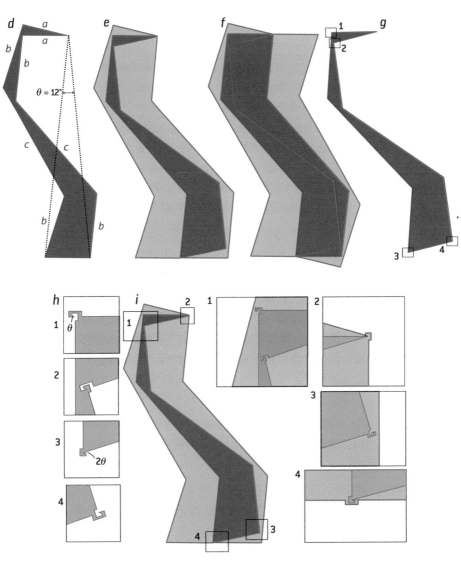

○ 沃德伯格的九边形（图 d）能周期性铺满平面，也能以螺旋形铺满平面（见第 149
页图）

2 块沃德伯格九边形的地砖能围住 1 块形状相同的地砖（图 e），甚至也能围住 2 块
贴起来的地砖（图 f）。然而，这种构造的环在几个点的位置无限薄，不能令人满意。
凯西·曼通过改变沃德伯格地砖的形状，修正了这个缺陷（图 g、图 h 和图 i）。

■ 黑施的五边形：单一的环

我们要考虑的第二个环绕镶嵌问题来源于一本 1968 年发表的德文小书，数学家海因里希·黑施（1906—1995）在书中发表了一个出人意料的观察。他展示了一个五边形，角度分别为 90°、150°、90°、150° 和 60°，而且有着下面的奇怪性质：一个黑施五边形可以被 6 个、7 个或 8 个同样的图形组成的环完美地围绕起来，没有重叠也没有空隙，但它却不能组成围绕第一个环的第二个环。我们很容易就能验证图中的例子 a、b、c 都不满足这个性质。在每种情况下，我们都可以围绕第一个环构造第二个环，甚至可以构造第三个环、第四个环，等等。

如此一来，黑施的五边形能够在平面上完美地平铺出一定的面积，但这个面积有限，不可能平铺延伸这一部分，得到更厚的环（见框 1 中的图 a）。

证明不可能构造第二层环，需要严格的推导，其中要对大量情况进行仔细地分类讨论。要说服自己这个结果是正确的，最简单的方法就是剪几块硬纸板试试，几分钟后，你就不会对这一点有任何疑问了！当然，今天我们也可以借助计算机程序完成彻底的实验，确保构造一层新的环是不可能的，无须辛苦证明……当然，证明是数学家的事儿了。

实际上，黑施的拼砖并不是首例。人们发现，德国数学家瓦尔特·利茨曼在 1928 年提出的一种形如水滴的地砖也具有相同特性。我们可以用 6 块相同的地砖将它围起来，但这样构成的环不可能有第二层环绕（见框 1 中的图 b）。

我们不禁要问，能不能更进一步，找到这样一种地砖，它不仅能构成一层环，还能构成第二层甚至更多环，却仍然无法铺满整个平面？

这个问题引出了下面的定义：当且仅当与 P 相同的地砖组成厚度不为 0 的 n 层环可以将 P 围绕起来时，地砖 P 的黑施数为 n；当但有 n+1 层环时，却不可能。如果构不成任何环，那么地砖的黑施数就是 0。对于所有 n，当地砖 P 都能由 n 层环围起来时，P 的黑施数就是无限。

黑施数越大，地砖能铺出的范围就越大。接下来的问题就是，研究那些能在平面上铺成一大片却无法铺满整个平面的形状。

■ 黑施数为 1 的地砖

黑施数是 1 的图形都很有趣，找到它们需要技巧和想象力。日本的阿贺冈芳夫在 2005 年发现了一个黑施数为 1 的规则对称图形。这是一个七边形，它的内角分别是 60°、160°、160°、100°、100°、160° 和 160°（见框 1 中的图 c）。

我们可以证明凸七边形不能铺满整个平面。所以阿贺冈芳夫的七边形的黑施数就是有限的。将该七边形记作 HA，系统的研究证明，有 14 种不同的方法能作出围着 HA 的环（其中 2 个例子见框 1 中的图 c，找到其余 12 种会是个有趣的谜题）。这些环种类繁多，说明 HA 的黑施数至少是 1。多花一点耐心，就能证明这 14 种环都不能被另一个环围绕，所以，HA 的黑施数就是 1。

比利时人彼特·拉兹赫尔德什发现了一系列无限种地砖，其黑施数都是 1。我们以 k 个角的规则星形为起点，其中 k 必须是奇数。这就决定了一个形状，它跟自己贴在一起就构成了我们要寻找的地砖（图 d）。这个构造的特点在于，构建第一层环需要的砖块数是 $k + 2$。所以，对于所有这样的 k，都有一种地砖可以覆盖原来地砖 $k + 3$ 倍面积的地面，覆盖形状近乎圆形，且没有空隙，但它不能铺满无限的平面。也就是说，一块地砖能铺满面积比自己大很多的圆形，但仍无法保证它能铺满整个平面。

1. 一层环可以，两层环不行

下面是黑施数为 1 的几种地砖（绿色部分）的例子。我们可以围绕一块地砖，用相同形状的几块地砖拼成一个厚度不为 0 的环，却不能用第二层环将它们围起来。

a：1968 年由海因里希·黑施发现的地砖，以及它构成环的 3 种方式。

b：德国数学家瓦尔特·利茨曼的水滴（1928 年）。

c：阿贺冈芳夫的优美七边形（2005 年）。

d：彼特·拉兹赫尔德什构造一系列无限个黑施数为 1 的地砖的通用方法。

e：马克·汤普森以正多边形为起点构造的黑施数为 1 的地砖。

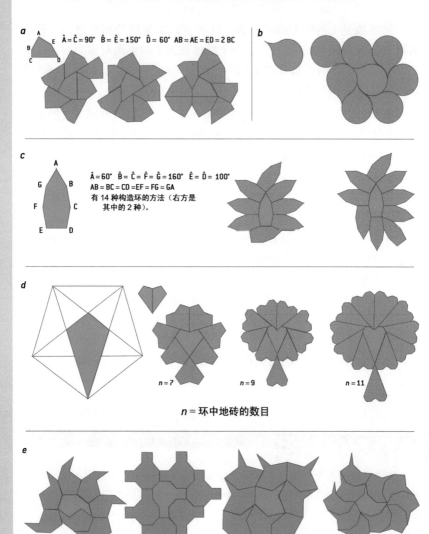

a　　Â = Ĉ = 90°　B̂ = Ê = 150°　D̂ = 60°　AB = AE = ED = 2 BC

b

c　　Â = 60°　B̂ = Ĉ = F̂ = Ĝ = 160°　Ê = D̂ = 100°
　　　AB = BC = CD = EF = FG = GA
　　　有 14 种构造环的方法（右方是
　　　　　其中的 2 种）。

d　　n = 7　　n = 9　　n = 11

n = 环中地砖的数目

e

■ 黑施数为 2 或者 3 的地砖

直到 1991 年，人们才首次发现黑施数超过 1 的地砖。美国纽约州立大学奥尔巴尼分校的安娜·方丹提出了一整个系列这样的地砖。这种 U 形的地砖可以被两层环围绕起来，却不能套上第三层（见框 2 中图 a 和图 b）。

2003 年，格伦·罗兹在美国新泽西州立罗格斯大学就读博士时，研究了将正方形沿着边拼起来得到的石块，这样的形状又叫作"多连方块"。他逐一测试了这些多连方块，直到找到其中有意思的组合。罗兹由此编写了一个程序，能确定黑施数为 2 的最小多连方块（框 2 中的图 c）。这个最小的多连方块由 11 个正方形组成，只有 3 种方法能拼成两层环。这些方法的差异在于其中 2 块地砖的位置。

在安娜·方丹找到无限个黑施数为 2 的地砖的同一年，一位美国数学爱好者罗伯特·安曼发现了一种黑施数为 3 的地砖，他还完成了数个关于平面密铺的重要发现。这是一种正六边形，2 条边凹陷了下去，另外 3 条边则各凸起了一块。这个凹陷，比如三角形的凹陷，可以跟其他凸起完全吻合（见框 3 的图 a）。推广这类构造后，人们才知道怎么超越黑施数为 3 的纪录。

美国华盛顿大学的凯西·曼在 2001 年于阿肯色大学就读博士时，为寻找黑施数超过 3 的地砖，对铺满平面的图形中的凹陷和凸起进行了系统性研究。

他感兴趣的形状有 3 种：由正方形沿着边拼起的组合（多连方块）、由正六边形拼起的组合，以及由等边三角形拼起的组合。

在这些形状的某些边上添加互补的凸起和凹陷，往往能得到黑施数超过 2 的地砖，凯西·曼把它们称为"多连形"。

---

2. **两层环可以，三层环不行**

安娜·方丹率先发现了黑施数为 2 的地砖。图 a 展示了其一般形式，它能生成无限种地砖。图 b 展示了组成两层环（但不能组成三层环）的不完全平铺。

图 c 展示了黑施数为 2 的最小多连方块，以及 3 种铺成两层环的方法，它们之间的差异仅在于 2 块地砖的位置（黄色部分）。这种地砖是在格伦·罗兹编写的程序的帮助之下找到的。

■ 不断超越!

有一种结果能证明相关方法的确有用，而且肯定大有可为：如果 P 是一个多连形，n 条边有凸起，m 条边有与凸起互补的凹陷，且 m 不等于 n，那么 P 的黑施数就是有限的（P 无法铺满整个平面）。

这个结果给出了一种枚举法，这种方法能枚举不能铺满整个平面的砖块，作为可以超越安曼纪录的候补。另外，安曼的地砖也是一个多连形，即 $m = 3$，$n = 2$ 的六边形。

将 k 个六边形连在一起，并加上 $2k$ 个凸起和 $2k + 1$ 个凹陷，得到的特殊情况（称为 "k - 六边形柱"）能超越安曼的纪录。凯西·曼证明了 2 - 六边形柱和 3 - 六边形柱的黑施数都是 4，而当 $k > 3$ 时，k - 六边形柱的黑施数是 5（见框 3 中的图 c）。

凯西·曼继续系统性的研究，尝试根据黑施数来枚举各种多连形。

这个项目很困难，因为即使边数不多，放置凸起和凹陷的可能组合数也极其庞大。对它们的计数已耗费了数千小时。

■ 每个黑施数都有对应的地砖吗?

截至本书出版之日，黑施数为 5 的纪录还没有被打破，但根据凯西·曼的说法，这是迟早的事。因为，他认为对于所有 n，都能找到黑施数大于 n 的地砖。

这个猜想肯定了具有任意大黑施数的地砖的存在，在有关平铺的几何问题中，这是最困难的问题之一。它与平铺理论的另一个重要问题有关，而后者自身也悬而未决。

这个重要问题是：确定某块给定的地砖能否铺满平面——为了简化，我们假定地砖是多边形；以及找出一种算法，每当输入一个这样的地砖，算法都能计算出它能否铺满平面（当然，计算不能出错）。在给定有限个多边形地砖，尝试确定它们能否铺满平面的情况下，答案是已知的：不存在能完成这项工作的算法。

"多块地砖平铺方式的不可判定性"是由美国人罗伯特·伯杰在1966年证明的。

对于单块地砖来说，答案则是未知的：人们不知道是否存在一个不会出错的程序，能够指出某个多边形地砖能否铺满整个平面。

然而人们证明了，如果一块多边形地砖的平铺问题不可判定，那么黑施数就不存在有限的上界。假如人们能解决有关多边形平铺平面的算法判定问题，也许就能解决关于黑施数的猜想。

人们研究过许多黑施问题的变体，其中有些问题已被彻底解决。

球面上的已知结果很少。最领先的结果是一种黑施数为3的地砖，它是内角为75°的等边三角形。在维度大于等于3的欧几里得空间中，我们知道怎么限制黑施数（只要添加凸起和凹陷），但到目前为止，人们还没有找到黑施数超过5的图形。

如果不在欧几里得平面上，而是在双曲平面上的话，俄罗斯科学院的阿列克谢·塔拉索夫在2010年证明了，砖块的黑施数可以是要多大有多大的有限数。黑施的问题在双曲平面上比在欧几里得平面上更简单，这相当奇怪！

为什么有些问题的陈述很简单——所有人都能听明白，但题目本身却那么困难呢？为什么我们的机器强大到每秒能探索数百万种组合，却无法更快地阐明这些问题？

这就是数学最深奥的秘密之一，这也是数学令人着迷、富有魅力的地方：即使行走在已被人类征服的领域中，每走一步也可能遇到意想不到的障碍，需要几天、几个月、几年甚至几个世纪的努力才能把它跨越。

3. 目前的纪录：五层环

美国人罗伯特·安曼在1991年发现了第一个黑施数为3的地砖（图a）。凯西·曼在2001年于美国阿肯色大学就读博士时打破了这个纪录，他构造了一种地砖（图b），能组成四层环（黑施数为4）。

最后，到目前为止，世界纪录还是由凯西·曼发现的一种地砖（图c），它的黑施数为5。这种地砖可以无限延伸（可以将它任意延长），只要它由至少4

个以六边形为基础的形状组成，其黑施数就是 5。

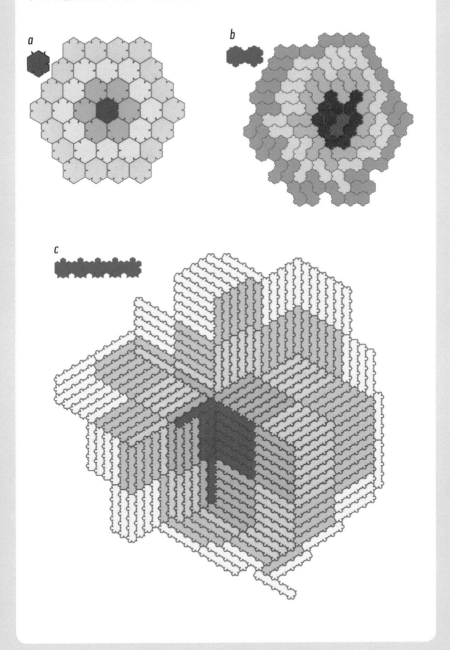

第 14 章

手工几何学

6 位数学家证明了总是存在一种旋转剖分，可以将一个给定多边形转换为另一个面积相同的多边形。

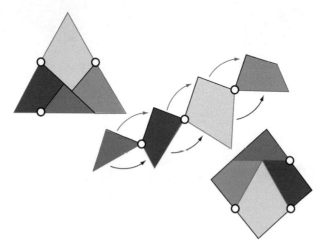

剖分问题是广受数学爱好者欢迎的趣题之一：将几何形状切开，然后将得到的碎块重新拼成另一个图形。哈里·林格伦（1912—1992）是剖分问题的行家里手，他的继承者是格雷格·弗雷德里克森，二人的著作中充满了无比精妙的几何奇观。

这里有一个基本问题：给定 A 和 B 两个面积相等的多边形，是否必定存在一个 A 的剖分可以组成 B？从 1814 年起，人们就知道答案是肯定的，这个结果来自劳里，后来又被华莱士、博尧伊、格温各自独立发现，于是，这个定理被称为"劳里－华莱士－博尧伊－格温定理"，我们就将它简称为"劳里定理"。其证明相当简单，只需要几句话和几幅图（见框 2）。

某些剖分有着特殊性质：剖分得到的多边形可以借助铰链，在顶点处连接起来；只需简单地转动这些连在一起的分块，就能从最初的多边形变换成第二种多边形。这就是所谓的"旋转剖分"，其中最著名的是由亨利·杜登尼在 1902 年提出的例子：正方形可以变为等边三角形（见上页图）。弗雷德里克森为旋转剖分写了两本书。我们也能将正方形变成八边形，而那些喜欢做手工的数学家利用这种可能性，制造了一些可以变形的桌子（见框 1）。

于是，自然而然又出现了一个棘手的问题，直到最近它才被解决：**对于所有面积相等的多边形对 A 和 B，是否存在一个旋转剖分能将 A 变换成 B？**

弗雷德里克森处理过大量特殊情况，他认为答案是肯定的。然而，要证明这个普遍情况的问题似乎很难，尽管"计算几何"专家们对此投入了大量精力，问题仍然没有解决。计算几何是一个非常严肃的新课题，它源自计算机领域寻找优秀算法来自动处理图像和图形的需求。有趣的是，这些需求竟然与剖分问题爱好者的娱乐目的殊途同归。

现在，人们终于得出了结论。一个 6 人研究团队给出了证明，这 6 个人都来自赫赫有名的研究机构，他们是美国麻省理工学院的蒂莫西·阿博特、埃里克·德曼和马丁·德曼，美国哈佛大学的扎卡里·埃布尔和斯科特·科迈纳斯，以及美国波士顿大学的戴维·查尔顿。他们发表的相关论文就叫《旋转剖分存在》（*Hinged Dissections Exist*）。

证明建立在一系列精巧的想法之上，我们可以利用论文中仔细画出的几个图来理解总体思路。也许大家要问：证明中那些复杂的细节，能不借助图来表述吗？这是一个初等几何学的证明，这个证明很难被完全形式化，但形式化之后，就可以用计算机辅助证明工具（能检查证明的一种程序）来验证。

---

1. 贝尔纳·拉兰纳的桌子

住在法国波城的贝尔纳·拉兰纳是一位航空技术工程师，他制造了一张漂亮的桌子，其中用到了从正方形到正八边形的旋转剖分。剖分链条沿着桌面上的一系列凹槽展开，根据其折叠的不同方向，就能得到正方形或正八边形的桌面。参见 www.cs.purdue.edu/homes/gnf/book2/Booknews2/lalanne.html。

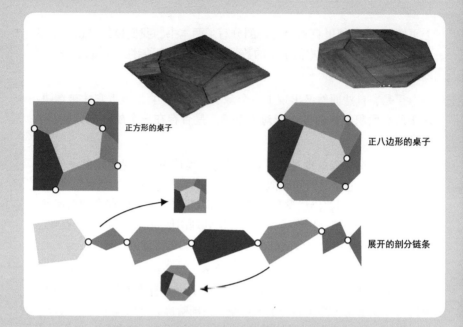

正方形的桌子

正八边形的桌子

展开的剖分链条

劳里定理

两个面积相等的多边形 A 和 B 可以通过剖分互相转换。想将多边形 A 变成正方形,再同样通过剖分将正方形变成另一个多边形 B,这一过程的算法如下。

1. 将第一个多边形切成三角形。

2. 将每个三角形变换为长方形(这种切分方法对所有三角形都成立,因为在所有三角形中,至少有一条高与对边相交)。

3. 将长大于宽的 4 倍的长方形变换为长小于宽的 4 倍的长方形。

4. 将每个长方形变成正方形(这种切分方法只有在长方形的长小于宽的 4 倍时才成立,这就是必须有步骤 3 的原因)。

5. 将正方形两两组合在一起,直到得到一个大正方形。

6. 用同样的方法处理第二个多边形。

7. 将多边形 A 变换成正方形所需的切痕和多边形 B 变换成正方形所需的切痕重合在一起。根据之前的构造,沿着这些切痕切出的分块可以重新拼成 A 和 B。

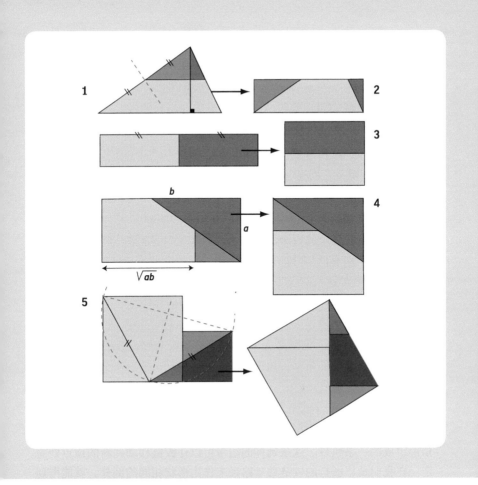

■ 图画中的巧妙证明

为了完成证明，数学家又一次构思并发展了一个新的技巧。

我们来看看这个证明的主要思想。给定两个面积相同的多边形 A 和 B，我们将它们切开（先不装上铰链），使得 A 的分块能重新拼成 B。要做到这一点，我们可以利用诸如 1814 年的劳里定理提供的方法，它不仅告诉我们 A 可以通过剖分变成 B，而且详细叙述了怎么做到这一点：这个证明是"构造性"的。

然后我们任意在 A 的分块之间加上铰链，使得它们连成一个整体（铰链被放置在剖分分块的顶点处）。我们也用铰链将 B 的分块连接起来，使得 B 的所有分块同样连成一个整体。因为可以对 A 或者 B 加入任意的铰链，所以我们可以假设 A 和 B 两个组合用到的铰链个数相等（我们之后会看到，这些铰链是可以移动的）。

在这一步，A 和 B 的分块是相同的，但根据之前的流程，除非运气出奇地好，否则将它们连起来的铰链并不一样：将 A 旋转并不会得到 B，反过来也一样。

然而，如果这些铰链——按照定义，它们附着在 A 的分块的顶点上——可以沿着分块的边沿滑动的话，那么我们就能逐步将它们移动到在 B 的分块上应有的位置。铰链沿着边的移动给出了一种方法，通过旋转剖分将 A 变成 B。这样的解法并不令人满意，也不能解决问题……除非我们可以通过旋转剖分完成等价于铰链移动的操作。

新定理的主要思想，就是证明进一步剖分某些分块，可以得到等价于铰链移动的效果。只要将 A 和 B 的剖分切得更细，我们就能得到等价于铰链逐步移动的效果，也就是说，A 可以通过旋转剖分变成 B，定理就这样得到了证明。

能够移动铰链的剖分方法，建立在一个简单的操作之上（见框 3）：我们在想要移动的铰链所处的顶点附近挖一个小洞，从中抽取由等腰三角形组成的一条纽带。这条延伸的纽带可以让铰链移动到新的顶点处固定。在我们希望进行的铰链移动路径上作出形状相同的剖分，就能得到另一条与之前形状完全相同的纽带，可以填满之前挖出的洞。第一条纽带用于将在移动铰链时削去的边恢复原状。这里要花点精神研究，但这个证明的本质就在这里，只要仔细看看图示，每个人都能理解。

3. 多边形的旋转剖分

我们来看看旋转剖分定理证明的核心部分：我们希望去掉 a-b 处的铰链，移走棕色的分块，并将它连接到米色分块的 b' 处。

要做到这一点，我们先剪出一条由等腰三角形组成的纽带（用棕色表示）。只要剪得足够细，我们就能从 a 点附近挖出的一个任意小的洞里剪出任意长的纽带。

同时，在我们希望让铰链移动的路径上，剪出跟之前拆下来的纽带形状完全相同的另一条纽带（用米色表示）。然后将棕色的纽带展开，代替米色的纽带，从而移走棕色的分块。将米色纽带折叠好之后，我们将它放在刚才在经过移动的棕色分块上挖出的洞里。通过构造一个比一开始更精细的旋转剖分，就完成了移动铰链的等价操作。

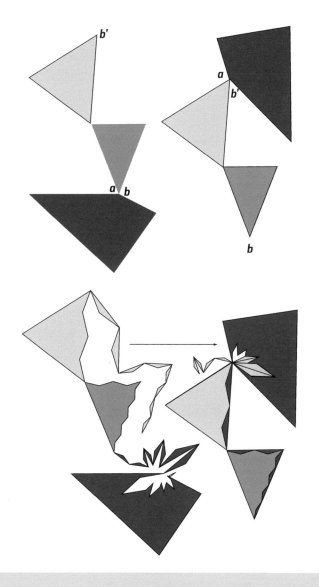

■ 一步之遥

如果我们刚才看到的就是证明的梗概，那么其中就有几个被忽略的难点，而论文作者当然在论文中对此进行了细致的处理。

第一个被忽略的难点就是，必须保证在挖洞之后抽出来的纽带可以在每部分不交叉的条件下展开，也就是说，展开时不能"卡住"。我们之前没有强调这一点，但很显然，对于一个合理的旋转剖分来说，造出来就必须能正常转动。所以，铰链连接和分块的移动必须能使一个多边形变为另一个，在过程中不能卡住，因为塑料或者木块可不能互相穿过。

论文的作者证明了，如果允许更多的切割，那么移动中就不会出现卡住的情况。实际上，他们证明了下面这个更普遍的结论：如果我们可以找到一个带有铰链的剖分能将多边形 A 变成多边形 B，而这样的移动需要让分块之间相互穿透的话，那么就存在一个带有铰链的剖分，能将 A 变成 B，但分块之间不需要相互穿透。所以不要担心流程中的纽带似乎会卡住，只要多切几刀，就能达到所需的灵活性（见框 4）。

我们在讲述这个新证明时忽略的第二个难点，就是移动一个铰链所需的额外切割不能妨碍甚至阻止之后移动第二个铰链、第三个铰链，等等。我们可以用多重纽带的方法足够严谨地处理这个难点，该方法是对之前移动一条铰链方法的推广。

这些难点组成了对普遍情况的证明，它对于所有多边形都有效。这个证明只涉及初等几何学的思想，这也说明了，即使在今天，在这个拥有超过三千年历史的学科中，我们仍然能够发现美妙的结果。跟人们有时说的相反，平面几何并不是一门枯死的学科，也不像一些人的想法那样，将问题转化为笛卡儿坐标不会使之变得显而易见。

■k 个多边形的推广

6 位研究者提出的结果甚至更深入。这个团队证明了，给定 k 个面积相同的多边形 P_1, P_2, $\cdots$, P_k，存在一个 P_1 的旋转剖分，能变换为 P_2、P_3，甚至列表中的任意一个多边形。

人们早就知道在单纯剖分（没有铰链链接）的情况下类似的结果，因为只需要将不同的剖分重叠起来就可以轻松证明：如果我们有一个剖分能将 P 变成 Q，而另一个能将 Q 变成 R，那么将 Q 的两个剖分图重叠起来（这会产生一个分块非常多的剖分图，但这无所谓！），我们就得到了一个能同时给出 P、Q 和 R 的剖分。重复这个过程，我们就能得到关于 k 个面积相同的多边形 $P_1, P_2, \cdots, P_k$ 的结果。

　　很不巧，在旋转剖分的情况下不能照搬之前的推导。所以，从 2 个多边形推导出 k 个多边形的结论需要另一项特别的工作，而据这些研究者称，这部分就是他们的研究中最冗长、最困难的几点之一。用在一般情况的证明中的剖分方法可以通过编程实现，而如果用程序完成的话，那么对于任意事先给定的多边形 $P_1, P_2, \cdots, P_k$，我们都能自动得到对应的旋转剖分。然而直接应用这个定理，会使所需的分块数和铰链数随着放置多边形顶点的网格大小而呈指数式增长。于是，这些研究者希望优化他们的切割和铰接方法，他们又一次用到了优美而专业的想法，证明了我们可以避免分块数的指数增长。

　　不过也要注意到，虽然减少分块数是个有趣的问题，但是其一般框架产生的结果也不至于因此成为最优的旋转剖分。

　　弗雷德里克森书中描述的那些旋转剖分，只需分割成寥寥几块，而且常常是最优的，比起 6 位研究者的理论框架生成的那些旋转剖分来说，它们当然更加经济：在数学中，普遍性的代价常常是精细度。能高效得出最优旋转剖分的算法仍有待发现——这是计算几何提出的谜题之一，那些认为平面几何的所有内容都很简单的人，恐怕要接受挑战了。

　　如果无法彻底解决最优剖分的问题，那么还有另一个有趣而自然的问题。可能已经有人考虑过这个问题了，在 6 位研究人员的论文结尾中也提到了这个问题：在二维中正确的结论，在三维中仍然成立吗？

　　更准确地说，在三维中不存在等价于劳里定理的结果：我们知道，某几对体积相同的多面体不能通过切成有限个小多面体来重组并相互转化。在三维的一般情况下，劳里定理并不成立。举个例子，你无法将立方体切成更小的多面体，然后将它们拼成正四面体。

　　这个新证明中很重要的一点，就是证明如果一个旋转剖分会因为某些分块互相穿过而卡住的话，那么，通过再进一步的剖分，我们就能得到另一个更精细但不会卡住的旋转剖分。图 a 展示了一个例子：我们将最大的分块切开，然后加上一个铰链。

　　对于更棘手的情况，我们会用到图 b 所示的"链条化"：将卡住的旋转剖分转化为另一个更精细的剖分，其中只包含一条由分块组成的链条。要做到这一点，我们将每个多边形切成三角形，再将每个三角形分割成 3 个三角形，然后将得到的这些三角形通过一系列的铰链连起来，组成一根纽带。

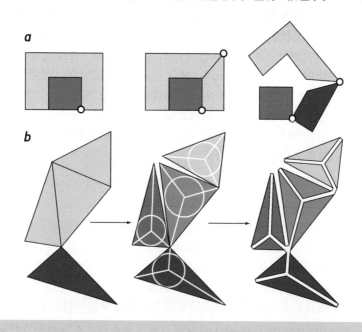

■ 希尔伯特问题之一：多面体剖分

　　话说回来，这个体积相同的多面体的剖分问题是大卫·希尔伯特在 1900 年提出的 23 个问题中的第三个，并且是第一个被解决的。给出解答的是希尔伯特的学生马克斯·德恩（1878—1952）。他描述了一种方法，可以赋予每个多面体一个数字，今天这个数字被称为"德恩不变量"。德恩证明，如果两个多面体的德恩不变量不相同，那么就不可能用多面体剖分的方法将一个多面体变成另一个。5 个正多面体的德恩不变量各不相同，所以永远不可能用多面体剖分的方法将其中一个多面体变成另一个。1965 年，西德勒证明了德恩定理的逆命题：如果两个多面体的体积和德恩不变量都相同，那么存在一种多面体剖分方法，能将其中一个多面体变成另一个。

知道了这一点之后，三维的旋转剖分问题就变成了："如果两个多面体有着相同的体积和德恩不变量，是否总是存在一种旋转剖分方法，可以将其中一个多面体变成另一个？"在这个情况中，"旋转"的意思是，剖分得到的小多面体被一些固定在整条边上的铰链连接起来，剖分得到的所有分块会连成一个整体。答案是肯定的，而在这里，证明同样是构造性的。假设有一个剖分方法（没有连接起来），那么就能给出一个一般性的过程，利用类似在二维情况中用到的想法，得到我们想要的剖分：在多面体分块中切分出纽带，可以达到移动铰链的效果。

6 位研究者也在同一篇论文中给出了三维的结果——与现在大部分科学学科的论文作者们经常要的把戏不同，他们没有为了增加论文列表的长度，就将结果摊分到好几篇不同的文章里。

■ 剖分与化学

我们不禁要问，这样的结果有什么实际用途吗？答案没我们想象中的那么简单。当然，上述都是理论上的结果，特别是，由于这些定理产生的剖分并非最优，通常需要大量的分块。但是，旋转剖分的概念似乎在至少两个领域中很有意义。在化学中，毛诚德、塔里迪、沃尔夫、苏·怀特塞兹和乔治·怀特塞兹在 2002 年进行的实验表明，我们可以构建实体的分块（大小在厘米量级），其几何形状对应某个旋转剖分中的分块。他们还发明了一些方法，可以控制浸在溶液中的形状周围的化学环境，然后根据需要变换旋转剖分的构型（见框 5）。

这类工作引出了旋转剖分在纳米科技领域中的应用。我们甚至可以想象一种复杂的装配结构，根据以化学方式传递的信号，应用新定理或其变体进行设计,变形为预先给定的几种有限形状中的一种。在"可重构"机器人领域,通过旋转剖分将一个多边形变成任一个(甚至几个)面积相同的多边形,是一个特别有趣的结果。因为这启发了我们可以设计基于铰链的机器,其中没有可拆卸部件,而且可以变为不同的形状,适应不同的功能。

林格伦或杜登尼可能从未想到,在他们眼里似乎并无深意的几何趣题,竟然能带来复杂的数学结果,而且能用在未来的技术研发中。

5. 化学与可重构装配

杜登尼的旋转剖分中的多边形被制成了板状,其边沿具有亲水或疏水的性质。根据浸泡板块的液体的组分不同,要么亲水边沿的相互吸引力更大,形成正方形的构型(图左),要么疏水边沿的相互吸引力更大,形成三角形的构型(图右)。

这些自动装配结构是可逆的,也许有一天,它会在纳米技术中引起关注,这是因为要在纳米技术中实现复杂结构,自发组织行为必不可少。

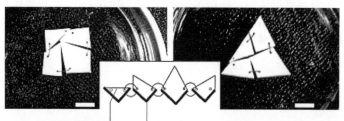

7 个亲水的边沿   8 个疏水的边沿

⊙ 可重构装配结构

其中借助了毛细现象。4 块由棉线连接的配件被放在水与一种与水不相溶的液体(全氟萘烷)之间的界面上。7 个亲水的边沿互相吸引,使配件形成正方形(图左)。当我们在水中加入偏钨酸钠时(这会使液体密度增大),8 个疏水的边沿就会互相靠近,形成一个三角形(图右)。

第 15 章

分形艺术

利用计算机探索分形的数学世界，这门艺术就像用照相机探索世间的美。

⊙ 热雷米·布吕内绘制的《宝藏》

这是一个"曼德尔布罗箱"，是汤姆·洛在 2010 年发现的三维分形，而生成"曼德尔布罗箱"所需要迭代的函数有一个特殊之处，它用到了空间的共形变换（保持角度不变的变换）。"曼德尔布罗箱"丰富的结构和产生有趣变体的能力，使它成为三维分形创造者最喜爱的公式之一。这幅图用到的数值参数比"标准"公式的数值简单。艺术家为了得到图像上的和谐，将公式改得尽可能精练，同时保留了产生大量图案的能力。若斯·莱斯的文章和热雷米·布吕内的著作详细地解释了"曼德尔布罗箱"。

我们并没有创造数学对象，而是发现了它们。这种想法符合数学的实在主义哲学。然而，它们如此变化多端，要找到其中最有趣的或者最美丽的，需要巧妙的经验和天赋。

我们在西班牙格拉纳达的阿尔罕布拉宫或者在摩洛哥马拉喀什的巴西亚皇宫里看到的伊斯兰几何装饰图形，毫无疑问是大艺术家之作。早在出现在宫墙上之前，这些数学结构就已经存在。人们在无限的可能性中选择美丽的图形，就成了富有创造性的艺术行为。

■ 谁的神来之笔？

让我们对"分形图像"也采取同样的姿态，它们就像装饰镶嵌那样，也是由公式决定的几何结构，然后我们来看与此相关的几个问题。

- ❑ 图像的创作者是编写程序的程序员吗？程序员是不是敲几下键盘，选择了一系列参数，在机器计算之后，就输出了一幅任何人都有可能得到的图像？
- ❑ 图像的创作者是发明了相关数学公式的人吗？这可是精细而繁重的工作。
- ❑ 计算工作和数学研究是不是这些壮观艺术的来源？这种艺术会不会没有创造者？

我们对这些问题的回答都是否定的！

所有几何艺术，包括格拉纳达宫殿中的马赛克，艺术作品等同于几何对象或数学对象，但这一点与艺术家选择并展现了图像这个事实并不矛盾，因为这需要努力、探索，还需要表现出想象力。要实现某种可靠、耐久的结构，掌握技术和细致工作必不可少。今天，创作过程涉及计算机和程序设计，但我们不应由此抹杀作品中蕴含的劳动。在创作摄影和电影作品时，艺术家也用到了大量的专业设备，其中，在特殊效果以及关于亮度、对比度等参数的调整与修正等方面，计算机也发挥了重要作用。使用专业工具，并不说明作品中不包含劳动、想象力、天赋和灵感。

计算分形的程序能轻松产生令人震惊的图像，就像数字照相机不需要拍摄者具有特殊技能就可以自动对焦。但只有那些认真摆弄这些设备、探索其潜能的人，才是在创造。

在评估计算机生成的作品时，还有一个因素让评判更为复杂：计算机的演化非常迅速，人们很难区分哪些是计算机独自完成的工作，哪些是需要努力和技艺才能完成的工作。根据摩尔定律，计算机的性能大概每 5 年就会增长 10 倍，这让人们能探索从前遥不可及的数学对象，特别是三维分形。

■ 新的演化

从 2010 年开始，人们在三维分形的创造中采用了杂糅化（见框 1）的想法。由于从平面到空间的转变，分形艺术产生了与现实世界相似的形状，但它更雅致、更丰富，在几何上也更完美。现在，许多软件考虑了新的数学方法来创造分形。真正的创造者要花时间"走遍"这些软件打开的空间，在其中漫步，开辟自己的路，用目光搜寻新的目标，从中发现隐藏的宝藏。就像摄影艺术那样，创作者的视野属于他们自己，无法复制。热雷米·布吕内就是这样的一位艺术家，他发表了一本名为《分形艺术：想象的前沿》（*L'art fractal. Aux frontières de l'imaginaire*）的著作。这本书展示了近 150 张三维分形的图片，展现了新世界的千姿百态和无尽美景，摄人心魄。（部分作品见框 2。）作者主要用到的软件是 mandelbulb3D，它是一位自称"杰西"的匿名人士开发的。布吕内跟踪并影响了软件的完善过程，最后输出的图像连"杰西"本人都觉得吃惊。

布吕内的相当一部分图像都是用杂糅化方法得到的。他结合了"节奏"不同的 2~6 个公式。这种方法可以考虑多个基础分形，然后将它们结合起来（见框 1）。参数的选择会大幅改变生成的数学对象。布吕内凭借在三维分形世界中漫游的视频为众人所知。他利用三维打印技术制造的雕像让我们一睹新的数学形状（www.shapeways.com/shops/3dfractals）。

作品的精确度、利用相同算法产生的雅致的调和感、近似的复杂结构、难以捉摸的重复、根据透视原理在空间中展现的组成结果，以及后来加入的一系列精挑细选的后期效果……假如没有机器，这些效果都无法想象。

　　长期以来，分形图像都是二维的，即使是三维的，也只是来自相关二维方法的简单推广。特别是，人们当时还不知道曼德尔布罗集在三维空间中的对应。曼德尔布罗集即复平面中使数列 $0, f(0), f(f(0))\cdots$（其中 $f(z) = z^2 + c$）不会达到无限的常数 c 的集合。

　　从 2009 年开始，出现了一些方法加快了进展，首先，尝试将针对复数 $z = x + iy$ 的操作 $z \to z^2$ 改造得适用于三维空间，也就是说，人们得到了生成三维分形对象的有效、简洁的算法。三维分形绘制算法的进展（如"光线行进"算法）以及由此编写的算法大大扩展了可能性，打开了通向数量庞大的形状和图像的大门，带来一种新的艺术感受，即分形艺术。

　　在这些方法中，杂糅化是高产的源泉。它的思路是，不要只取一个函数 f，然后对于坐标是 (x, y, z) 的点，查看序列 $(x, y, z) \to f(x, y, z) \to f(f(x, y, z)) \to f(f(f(x, y, z)))\to\cdots$来判断这个点是否在分形内，而是取两个（或者更多）已知能产生分形的函数 f 和 g，然后同时利用两个函数，根据它们产生的序列来判断分形中的点。比如说，我们可以用这样的规则：$(x, y, z) \to f(x, y, z) \to g(f(x, y, z)) \to f(g(f(x, y, z)))\to\cdots$。

　　更复杂的组合方法，比如 $(f, f, g, g, \cdots)$、$(f, g, f, f, g, f, f, f, g, \cdots)$，等等，开启了更多的可能性。

　　下面就是几个例子：

❑ 门格海绵 $(f, f, f, f, \cdots)$，记作 M（图 a）

❑ 谢尔平斯基三维分形 $(g, g, g, g, \cdots)$，记作 S（图 b）

❑ 杂糅体 MSMS…$(f, g, f, g, \cdots)$（图 c）

❑ 杂糅体 SMSM…$(g, f, g, f, \cdots)$（图 d）

❑ 杂糅体 SMMSMM…$(g, f, f, g, f, f, \cdots)$（图 e）

❑ 杂糅体 MSSMSS…$(f, g, g, f, g, g, \cdots)$（图 f）

　　在另一种杂糅方法中，从两个能给出分形的函数开始，我们构造新的函数 $h = \alpha f + (1 - \alpha)g$（其中 α 在 0 和 1 之间）。通过改变参数 α，我们可以从 f 对应的分形平滑过渡到 g 对应的分形。布吕内的《分形艺术：想象的前沿》中用到了大量的杂糅方法。

　　我们介绍几个能够创造三维分形图像的软件：Apophysis（sourceforge.net/projects/apophysis）、Incendia（www.incendia.net）、Fragmentarium（syntopia.github.io/Fragmentarium）、Mandelbulb3D（mandelbulb.com）、Mandelbulber（sourceforge.net/projects/mandelbulber）、Ultrafractal（www.ultrafractal.com）、Xenodream（www.xenodream.com）。

　　在网站 www.fractalforums.com 能找到更多的信息。

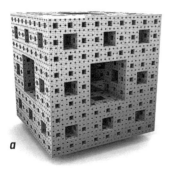

门格海绵M

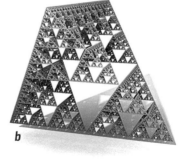

谢尔平斯基三维分形S

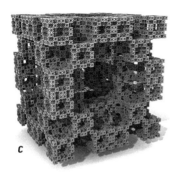

杂糅体MSMS

杂糅体SMSM

杂糅体SMMSMM

杂糅体MSSMSS

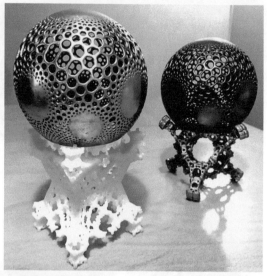

⊙ 数学艺术作品

这些三维分形图像的作者热雷米·布吕内是当今著名的"分形"艺术家之一。从年少时开始,这位法国人就沉迷于这类创作,他紧紧跟随了该领域的发展。特别是从2009年,也就是发现创造三维分形的新方法的那一年开始,布吕内创作了不少作品,并在世界各地展出。他在2014年发表了一本著作,也创作了不少视频、雕塑和首饰作品。

■ 创作的三个步骤

分形图像的创作分为三个步骤。

第一步是公式和计算过程。这里需要灵活的头脑和专业的数学知识：直到 2009 年，人们才成功构筑了这样的公式，能产生令人满意的三维分形结构。

第二步与计算机有关，这就是可视化技术的开发与完善，以及相关程序的编写。为了得到优秀的作品，不仅要依靠在第一步发现的公式和数学过程，还要用到三维绘图的算法，其中一些算法可能还需要修改，甚至推倒重来。

正因如此，在数字图像领域中，要得到优秀的渲染效果，人们通常会将场景中的元素分解为大量的三角形。给展示对象划界的平面或表面的方程生成了这些三角形。然而，三维分形图像无法直接做到这一点，因为人们绘制的对象通常是一堆点的简单集合，所以无法得知给图像划界的所有表面。因此，三维分形通常被定义为"体素"（相当于二维中的像素）的集合。我们从体素的坐标开始重复下面的计算：

$$(x, y, z) \rightarrow f(x, y, z) \rightarrow f(f(x, y, z)) \rightarrow \cdots$$

然后，根据得到序列的行为，就能得出这个体素是否位于分形内部。人们也会利用这个序列来确定颜色。这种定义方法要求必须使用特殊的渲染方法。编程质量也很重要，为了达到满意的图像所需的计算量，人们有时被迫只能进行近似计算，由此发展出了一套绘制三维分形的特殊技巧。

第三步就是制作图像、视频或者雕塑——这也是最具创造性的一步。有时候，艺术家可以利用计算中出现的伪像，得到比数学现实更奇异的图像，就像摄影师会特意利用模糊化、过度曝光或眩光来创造独一无二的影像。

⬆ 热雷米·布吕内的作品《川陀沙漠》
川陀是阿西莫夫的科幻小说《银河帝国》系列与《基地》系列中银河帝国的首都星球。

■ 整体构思

我们要注意——正是这点令人困惑——艺术家在构思一幅图像时，并不像把颜料一点点涂在画布上那样，按照像素逐个构思。在这里，构思要从整体出发，但艺术家一直都不知道自己最终具体会得到什么，但他知道某种改变会产生某种效果，知道根据某个方法选择照明设备会得到某种特定的氛围，知道某种配色方案合适，等等。艺术家也知道如何认出范围有希望发展，并向其靠近。

别忘了，探索三维分形是一个拥有 4 个主要"自由度"的游戏，即一般空间的三个维度，以及放大率。在实践中，除了这 4 个主要参数以外，还有视线角度（2 个参数）、颜色、材质（比如让分形看起来是金子做的）、照明、透明度，以及探索的分形形状的特有参数，各种参数的数量可能很庞大。

围绕着分形特别是三维分形的工作，其实是一项科学研究。人们探索并创造各种数学对象，也是在尝试认识一个数学领域。人们创造各种工具、算法和程序，探索并更好地感受和理解这些领域。这项数学和科学研究工作与一般的科研工作大有不同：最主要的努力方向并不是证明定理（世界并不总围着定理转），而是寻找富有美感的结构。数学家承认，自己迷恋用到的证明、理论和数学对象中的美，但在分形艺术中，美才是主要目的。

分形艺术群体的交流更多在社交网络和论坛（www.fractalforums.com）之上，而不是通过科研论文。计算机图形学的期刊和会议中也有相关论文，但它们谈及的是更普遍的渲染方法。相关社交群体在 DeviantArt 和 Flickr 等网站上发布图片和视频进行交流，其中没有金钱的交易，大家都是为了乐趣和社交。这类研究几乎没有设立任何相关的学术职位，其工作成果也未能在传统学科中占据一席之地。

研究数学并非只有"定义－定理－证明"这一种方法。探索公式的世界，寻找能产生非凡成果的公式，或者，了解外观复杂度和公式复杂度之间的重要关系，这也是一种方法。列出不同方法，理解这些方法为何可行，它们能够如何组合，这些活动在本质上也属于数学范畴。

有些数学家对跳出公理的框架甚为反感，这所造成的后果也很明显，比如，概率论（在这个领域中建模非常重要，它不属于"定义－定理－证明"类型）和数理逻辑（哲学问题构成了工作中重要的一部分）过了很长时间才被人们接受。

■ 何时能被认可？

今天，数学家们还没有准备好承认，为了扩充分形领域，以及为了更好地掌握生成和探索分形的方法所进行的活动也属于数学领域。但从长远来说，可以肯定的是，他们的认可是迟早的事。

当年，伯努瓦·曼德尔布罗在开拓分形领域的工作时，也因不合常规而孤军奋战。他蔑视惯例和领域之间的边界，最终成为分形科研领域中不可或缺的带头人。这些研究同时涉及数学、物理学、生物学、天体物理学、经济学和艺术。今天，关于分形的著作有数十本，论文更是数以千计，课题几乎横跨了所有学科。分形的存在，以及分形艺术的涌现，撼动了人们心中横亘在科学和艺术之间的那道不可破之墙。

荒谬而矛盾的游戏

所有数学思考都有碰到悖论的危险。特别是概率游戏，它们会遇到思维上的挑战。数学家认为，这是一种挑衅，必须找到解决之道，而且要符合逻辑。

第16章

积败为胜

将多个对自己不利的博弈结合起来，就能得到对自己有利的博弈——这个想法相当惊人吧？这种情况很多而且繁杂，其中第一个例子是由西班牙人胡安·帕龙多提出的。

如果一场赌局不太复杂，那么你可以算出每一盘平均会赢得或输掉多少。对于赌客来说，赌场中的轮盘赌游戏就是"亏损"的：从统计上来说，你玩得越多，钱就输得越多。在最简单的轮盘赌中，每在一个数字上赌 1 欧元，就会平均输掉 1/37 欧元。

下面是另一个亏损赌局的例子。你抛掷一枚"不偏不倚"的无偏硬币，如果正面向上，那么你就会赢 1 欧元；如果反面向上，那么你就会输 2 欧元。由于你平均每玩两次赢一次，且每玩两次输一次，因此你平均每局都会输掉 0.5 欧元。我们就说，这个博弈的"数学期望"是每局 −0.5 欧元。在轮盘赌游戏的情况中，每赌 1 欧元的数学期望是 −1/37 欧元。如果该赌局是净赚的，正如劝你进入赌局的那些人所说的那样，那么数学期望就是正的：在轮盘赌游戏中，你每赌 1 欧元的数学期望是 +1/37 欧元，而对于抛硬币的"不公平游戏"来说，每局的数学期望则是 +0.5 欧元。

你当然可以同时进行两个赌局 A 和 B，也可以交替进行，比如按照 A、B、A、B……的规律。在赌局独立（两者没有相互影响）的情况下，如果 A 的数学期望是 e，B 的数学期望是 f，那么同时进行 A 和 B 的数学期望就是 $e + f$，交替进行赌局的数学期望则是 $(e + f)/2$。如果同时或者交替进行两个数学期望为负数的独立赌局的话，那么就会得到一个亏损的赌局：两个负数的和还是负数！

你可能就此觉得，将两个亏损的赌局结合在一起，总会得到亏损的赌局。但并非如此！这就是帕龙多悖论，也是本章的主题（见框 1）。这个悖论是在 1996 年由西班牙物理学家胡安·帕龙多发现的，它引起了相当多人的兴趣。虽然仍有争议，但人们认为帕龙多悖论与经济、金融、群体遗传学和量子力学都有关系。特别是，帕龙多悖论让人们浮想联翩：它暗示了，通过巧妙地参与多个对自己不利的赌局，也许能从中得到有利的赌局。这就像是魔法！

当 $e = 1/200$ 时，帕龙多悖论的赌局 A 和 B 都是亏损的。

在赌局 A 里，我们平均每局输掉 0.01 欧元。

在赌局 B 里，我们平均每局输掉 0.0087 欧元。

然而，将 A 和 B 组合起来，我们能构造各种有利的赌局。这样的话，随机以 1/2 的概率进行赌局 A，以 1/2 的概率进行赌局 B，那么这个赌局可以记作 {50% A + 50% B}，而我们每局平均能从中赢得 0.01 欧元。

周期性的组合有时也是有利的（见表 1）：我们先进行 n 次赌局 A，再进行 m 次赌局 B，然后周期性地重复。表 1 中的计算是通过取 50 000 次模拟结果的平均值得到的，而表 2 则用到了 1 000 000 次计算。

这难道不是奇迹么？我们能否用这个悖论在轮盘赌中赢钱，或者构想一个炒股策略，在股市下跌时仍能保证获利？

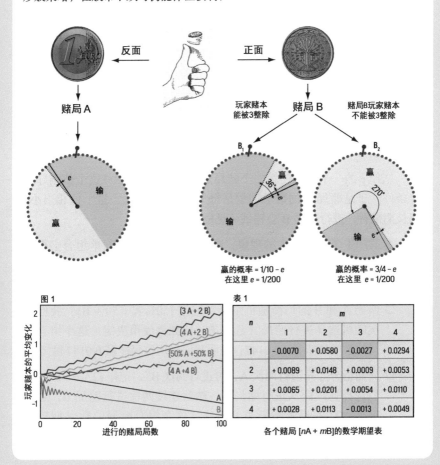

赢的概率 = 1/10 − e
在这里 e = 1/200

赢的概率 = 3/4 − e
在这里 e = 1/200

图 1

表 1

n	m			
	1	2	3	4
1	− 0.0070	+ 0.0580	− 0.0027	+ 0.0294
2	+ 0.0089	+ 0.0148	+ 0.0009	+ 0.0053
3	+ 0.0065	+ 0.0201	+ 0.0054	+ 0.0110
4	+ 0.0028	+ 0.0113	− 0.0013	+ 0.0049

各个赌局 [nA + mB] 的数学期望表

■ 两个亏损赌局，合起来就获利

人们已经发表过一百多篇科研论文来研究、推广帕龙多悖论，或提出它的各种变体，而且每年都有涉及这个悖论的新成果，这说明这位西班牙研究者一开始的想法不仅有趣，而且成果累累。然而，要理解为什么可以结合两个亏损的赌局来获利，并不容易。当然，帕龙多悖论中，两个亏损赌局的结合方法并不是简简单单地同时或交替进行独立赌局，因为这样的赌局必定是亏损的。帕龙多在悖论的原始形式中提出了一个更隐蔽的结合方法，其中两个非常特别的赌局 A 和 B 会混合进行。

在赌局 A 中，要抛一枚做了点手脚的硬币：掷到反面的话就是玩家赢，发生的概率是 $1/2 - e$，其中 e 是一个很小的正数；掷到正面的话就是玩家输，发生的概率是与前面互补的 $1/2 + e$。玩家赢了会得 1 欧元，输了会输 1 欧元。这个赌局的数学期望是每局 $-2e$ 欧元，因为这是负数，所以赌局 A 是亏损的。赌局 B 要更复杂一点。如果玩家的赌本是 3 的倍数，那么玩家就以 $p_1 = 1/10 - e$ 的概率赢得 1 欧元，以 $1 - p_1$ 的概率输掉 1 欧元；否则，就以 $p_2 = 3/4 - e$ 的概率赢得 1 欧元，以 $1 - p_2$ 的概率输掉 1 欧元（见框 1）。

选择 e 的一个值，使第二个赌局是亏损的，而 1/200 这个值刚好符合条件。于是赌局 B 的数学期望是每局 -0.0087 欧元。这个值相当小，但长期来看，进行赌局 B 会输钱（见框 1 中图 1）。

这就产生了一种惊人的现象：赌局 A 和 B 的多种简单组合会得到能获利的赌局，比如，模拟实验表明下面三种组合方式得到的就是能够获利的赌局。

❑ 赌局 A 和 B 的均衡随机组合，记作 {50% A + 50% B}：我们每次随机选择进行赌局 A 还是 B，比如抛硬币决定。这个组合赌局的数学期望是 +0.0147，说明我们平均每局能赢 0.0147 欧元。

❑ 周期组合"先进行两次 A，再进行两次 B"，记作 [2A + 2B]。我们选择连续两次进行赌局 A，然后连续两次进行赌局 B，之后根据这样的模式不断重复下去。这个组合赌局的数学期望是 +0.0148，即平均每局能赢 0.0148 欧元。

❑ 周期组合 [A + 2B]。它的数学期望更高：+0.058，每局平均能赢 0.058 欧元。

令人惊讶的是，将两个亏损的赌局加起来竟然可以是获利的，然而赌局 A 和 B 的某些其他组合还是亏损的。[A+B] 的组合（先进行赌局 A，然后进行 B，循环往复）就是亏损的，它的数学期望是 −0.007。显而易见，如果将两个亏损的赌局加起来可能获利，那么两个获利的赌局结合起来有时就会亏损：只需要取赌局 A 和 B，将输赢反过来就行了！

模拟得到的结果可以用马尔可夫链的理论证实，这个理论能让我们对帕龙多悖论中用到的组合赌局进行完整的数学分析。模拟计算需时颇长，而且无法指明这些组合得到的惊人结果背后深层的原因。数学分析对模拟结果的确认，能让我们在严格意义上验证这里并没有悖论，只是结果违反了我们直觉的预期。怎么理解这个悖论？为什么我们的常识出错了？我们能找到更清晰的视点吗？

想深刻解释帕龙多悖论，首先要知道，赌局 B 由一个亏损赌局和一个获利赌局组合而成。如果我们只进行赌局 B 的话，那么获利赌局就会被亏损赌局掩盖；但如果 B 和 A 混合的话，那么获利赌局就会更经常出现（见框 2）。

如果想弄清两个亏损的赌局怎样产生一个有利的赌局，并说服自己不要这么吃惊，那我们就要考虑另一个例子，它更加清晰明了，比原来的悖论更富有戏剧性。

---

2. 帕龙多悖论的详细解释

我们现在介绍帕龙多悖论的一种变体，这种变体能解开被层层掩藏的奥秘。

在之前考虑的情况下，赌局 B 由两个更小的赌局 B_1 和 B_2 组成。当 $e = 1/200$ 时，B_1 对玩家不利，而 B_2 对玩家有利。根据玩家赌本模 3 的值，具体进行 B_1 或者 B_2。我们将要引入的赌局记作 B#，它跟赌局 B 很接近，但不是根据赌本来选择，而是在 B_1 和 B_2 中随机选择，概率分别是 1/3 和 2/3（用转盘选择）。赌局 B# 的数学期望就是 B_1 和 B_2 的数学期望根据 1/3 和 2/3 的概率加权平均，也就是 $1/3(1/10 - e - 9/10 - e) + 2/3(3/4 - e - 1/4 - e)$，简化后得到 $1/15 - 2e$。

让这个数学期望为负数的 e 的值满足 $1/15 - 2e < 0$，即 $e > 1/30$。对于帕龙多用的值 $e = 1/200$ 来说，赌局 B# 的数学期望是正的——这是一个能获利的赌局。所以，当 $e = 1/200$ 时，赌局 B 是亏损的，这一点就很惊人。发生这种情况的原因是，玩家赌本的变化并非随机，这样会使（亏损的）赌局 B_1 被选择的可能性比 $1/3$ 要高一点。数值模拟告诉我们，B_1 被选择的概率是 38.3%，比 $1/3$ 稍微高一点。利用马尔可夫链理论进行的数学分析也证实了这个结果：B_1 被选择的精确概率是 $32\,401/84\,463 = 38.361176\%$。

然而，将赌局 A 和赌局 B 结合之后，赌局 B 变得亏损这一意外的轻微偏离就没有理由继续存在了。因为加入赌局 A 会改变玩家的赌本，而赌局 A 和 B 的组合常常会（在进行赌局 B 时）让 B_1 被选择的情况更接近 $1/3$，所以这会让赌局 B（在结合赌局 A 之后）变成能获利的赌局。我们甚至可以猜测，赌局 B 和另一个赌局的混合越复杂，（当进行赌局 B 时）B_1 被选择的概率就越接近 $1/3$。

在均衡、随机混合 {50% A + 50% B} 赌局 A 和 B 的特定情况下，在进行赌局 B 时选择赌局 B_1 的概率会从 0.3836 变成 0.3451，这符合上面所说的该概率越更接近 $1/3$ 的理论预测。当我们进行 {75% A + 25% B} 混合时，这个偏离就更清晰了，因为现在选择 B_1 情况的概率会变成 0.3363。

最后，我们注意到赌局 B# 的获利大于赌局 A 的亏损：如果 $e = 1/200$，那么赌局 A 的数学期望是 $-2e = -0.01$，而赌局 B# 的数学期望是 $(1/15 - 2e) = +0.0566$。将赌局 A 和 B 组合起来，结果会让赌局 B 更接近 B#，轻易得到有利的赌局——这不算太意外。这也是 {50% A + 50% B} 和 {75% A + 25% B} 的情况。

简而言之，将赌局 A（稍微亏损）和赌局 B（稍微亏损）结合起来，会让 B 更接近 B#（它的收益大于赌局 A 的亏损），通常会得到一个获利的赌局，这也不算太意外。

赌局 B 的流程

选择 B_1 还是 B_2，由赌本模 3 的值决定

玩家赌本能被 3 整除

➡ 赌局 B_1

玩家赌本不能被 3 整除

➡ 赌局 B_2

赌局 B# 的流程

选择 B_1 还是 B_2 是随机的

帕龙多超级悖论（由罗兰·耶累哈达在 2011 年发现）包含了两个赌局 A′ 和 B′，在组合时使用一枚共同筹码。在每个赌局中，我们都用到一枚无偏硬币，根据筹码是白色面朝上还是黑色面朝上，进行相应的操作。

赌局 A′：当筹码白色面朝上时，如果掷硬币的结果是反面，那么玩家赢 3 欧元；如果硬币是正面，那么玩家输 1 欧元，并且要将筹码翻转。当筹码黑色面朝上时，如果掷硬币的结果是反面，那么玩家就赢 1 欧元；如果掷硬币结果是正面，那么玩家就输 2 欧元。

赌局 B′：当筹码黑色面朝上时，如果掷硬币的结果是反面的话，那么玩家赢 3 欧元；如果结果是正面，那么玩家输 1 欧元，并且要将筹码翻转。当筹码白色面朝上时，如果掷硬币得出反面的话，那么玩家就赢 1 欧元；如果结果是正面，那么玩家就输 2 欧元。

每个赌局的数学期望都是相当大的负数——每局 −0.5 欧元，但 A 和 B 的所有简单组合显然都是有利的。只有在长时间用同一策略进行赌局时，数学期望才是负数。正文中讲述了这种行为的关键。

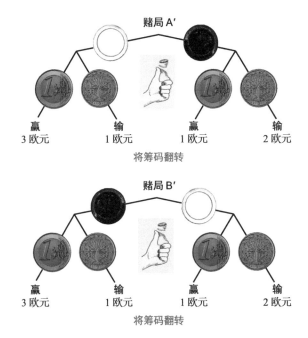

组合方式一：$\{x\,A′ + y\,B′\}$。我们随机进行赌局 A′ 和 B′，选择 A′ 的概率是 x（下表用小数表示），而选择 B′ 的概率是 $y = 1 - x$。

x	0.0	0.1	0.2	0.3	0.4	0.5	0.6	0.7	0.8	0.9	1
$\{x\mathrm{A}'+y\mathrm{B}'\}$ 的数学期望	−0.500	−0.229	−0.022	+0.130	+0.216	+0.246	+0.220	+0.128	−0.018	−0.231	−0.500

组合方式二：$[m\mathrm{A}'+n\mathrm{B}']$。我们先进行 m 次赌局 A'，然后进行 n 次赌局 B'，循环往复。

n	m					
	1	2	3	4	5	6
1	+0.500	+0.356	+0.199	+0.080	−0.007	−0.076
2	+0.356	+0.399	+0.312	+0.214	+0.128	+0.055
3	+0.199	+0.312	+0.277	+0.208	+0.139	+0.075
4	+0.080	+0.214	+0.208	+0.161	+0.106	+0.055
5	−0.007	+0.128	+0.139	+0.106	+0.063	+0.021
6	−0.076	+0.055	+0.075	+0.055	+0.021	−0.016

组合方式三：$[x:\mathrm{A}'\leftrightarrow\mathrm{B}']$。我们先进行赌局 A' 和 B' 中的一个，然后下一局以概率 x 换成另外一个。

x	0.0	0.1	0.2	0.3	0.4	0.5	0.6	0.7	0.8	0.9	1
$[x:\mathrm{A}'\leftrightarrow\mathrm{B}']$ 的数学期望	−0.500	−0.250	−0.070	+0.061	+0.167	+0.250	+0.318	+0.376	+0.424	+0.464	+0.500

■ 相互作用扮演了什么角色

我们首先注意到下面这个要点："玩家赌本"这个由两个赌局共享并与规则相关的参数，正是产生背离常理现象的本原。对于所有能产生悖论的组合方式来说，两个相关赌局互相依赖，每个赌局都会使赌本这个共有的参数发生变化。赌局 A 和 B 之间的这一联系能让赌局 A 中发生的事情影响到赌局 B，反过来也一样。假如没有这个联系的话，那么我们就能推导出结果只能亏损的结论，就像同时或交替进行赌局时一样。

实际上，我们可以证明，用两个独立的亏损赌局来构建 $\{x\,A + y\,B\}$ 类型的赌局（随机进行赌局 A 或 B，选择 A 的概率是 x，选择 B 的概率是 $y = 1 - x$）或者 $[n\text{A} + m\text{B}]$ 类型的赌局（先进行 n 次赌局 A，再进行 m 次赌局 B，如此循环往复），得到的赌局必然亏损：假设赌局 A 的数学期望是 e，而赌局 B 的是 f，那么在组合而成的赌局中，赌局 $\{x\,A + y\,B\}$ 的数学期望由公式 $xe + yf$ 给出，而赌局 $[n\text{A} + m\text{B}]$ 的数学期望则由 $(ne + mf)/(n + m)$ 给出。

如果没有相互作用，那么两个亏损的赌局会不可避免地导出亏损的赌局。如果你想将亏损的赌局结合起来以得到有利的赌局，那么就必须设法让两个赌局相互作用。在轮盘赌或许多其他赌局中，这不太可能：对于轮盘赌来说，任何下注策略都不会让玩家得到赌场拥有的优势。结果就是，无论你采用什么下注策略的组合，即使你借鉴了帕龙多的方法，也不可能得到能获利的下注策略。

◼ 更戏剧化的变体

罗兰·耶累哈达提出了帕龙多悖论的一个变体，叫作"帕龙多超级悖论"，能阐明原来的悖论。

我们考虑两个赌局，它们都用到一枚双面筹码，一面是黑色的，另一面是白色的，而这枚筹码就是两个赌局之间的联系。

赌局 A′：我们掷一枚无偏硬币，然后根据筹码翻到白色面还是黑色面进行不同的操作。

当筹码白色面向上时：

❑ 如果硬币掷出**反面**，那么玩家赢 3 欧元（不需要翻转筹码）；
❑ 如果硬币掷出**正面**，那么玩家输 1 欧元，并翻转筹码。

当筹码黑色面向上时：

❑ 如果硬币掷出**反面**，那么玩家赢 1 欧元（不需要翻转筹码）；
❑ 如果硬币掷出**正面**，那么玩家输 2 欧元（不需要翻转筹码）。

赌局 A′ 是亏损的，这是因为，即使筹码一开始白色面向上，赌局暂时对玩家有利，但最后筹码还是会翻过来，使赌局变得对玩家不利，而玩家无法从中脱身，因为筹码之后不会再翻转，只会保持黑色面向上。赌局 A′ 的数学期望会趋向于每局 −0.5 欧元。数值模拟也确认了这样的结果。

赌局 B′：我们掷一枚无偏硬币。

当筹码黑色面向上时：

❑ 如果硬币掷出**反面**，那么玩家赢 3 欧元（然后不需要翻转筹码）；
❑ 如果硬币掷出**正面**，那么玩家输 1 欧元，并翻转筹码。

当筹码白色面向上时：

❑ 如果硬币掷出**反面**，那么玩家赢 1 欧元（不需要翻转筹码）；
❑ 如果硬币掷出**正面**，那么玩家输 2 欧元（不需要翻转筹码）。

跟赌局 A′ 一样，赌局 B′（与赌局 A′ 相同，只是将黑色面和白色面的角色反过来了）也是亏损的，它的数学期望会趋近每局 −0.5 欧元（见框 3）。然而，赌局 A′ 和 B′ 的许多简单组合都会带来能获利的赌局。

❑ 赌局 A′ 和 B′ 的均衡随机组合，记作 {50% A′ + 50% B′}。我们以均等的可能性随机选择进行赌局 A′ 还是 B′，比如用抛硬币正反面决定。这个组合赌局的数学期望是 +0.246（平均每局能赢 0.246 欧元）。其他同类型的组合方式也是如此：赌局 {40% A′ + 60% B′} 的数学期望是每局 0.216 欧元，而 {30% A′ + 70% B′} 的数学期望则是每局 +0.130 欧元。

❑ 赌局 A′ 和 B′ 的周期组合，记作 [A′ + B′]。我们先进行一次赌局 A′，再进行一次赌局 B′，然后根据这个模式不停重复。这个组合赌局的数学期望是 +0.5（平均每局赢 0.5 欧元）。这对于其他同样类型的组合方式也成立：赌局 [2A′ + 2B′] 的数学期望是每局 +0.399 欧元，而 [4A′ + 3B′] 的数学期望则是每局 +0.208 欧元。

❑ 赌局 A′ 和 B′ 的交替组合，记作 (0.3: A′ ↔ B′) 的。我们交替进行赌局 A′ 和 B′，而每一轮转换赌局的概率是 0.3。这个组合赌局的数学期望是每局 +0.06 欧元。对于同样类型的组合方式也是这样：赌局 (0.4: A′ ↔ B′) 的数学期望是每局 +0.16 欧元，而 (0.5: A′ ↔ B′) 的数学期望则是每局 +0.25 欧元。

帕龙多悖论的这个变体更富有戏剧性：组合赌局的数学期望更高，而一开始的赌局数学期望更低。从每局会输掉 0.5 欧元的两个赌局出发，我们可以得到能赢取 0.5 欧元的赌局，比如用 [A + B]，可以说，输赢完全反过来了。

　　现在，我们可以对引发所谓悖论的那个"小窍门"进行简单的理性分析了。赌局 A′ 和赌局 B′ 都是亏损的，因为即使一开始我们可以连赢几次，但规则会使玩家很快进入一个不利的局势，让玩家输钱。

▣ 解释很简单！

　　这个不利的局势就是赌局 A′ 中对应着筹码白色面向上的情况，以及赌局 B′ 中筹码黑色面向上的情况。结合赌局 A′ 和 B′ 就是为了让进入赌局 A′ 的玩家走出白色面向上的死胡同——这个局势对其不利。而如果只进行赌局 A′ 的话，那么玩家会永远困在这个局势中。赌局 B′ 也有同样的死胡同，只不过是在筹码黑色面向上的情况下，而幸亏有赌局 A′，玩家也能从中脱身。如果只进行一种赌局，那么无论是 A′ 还是 B′，玩家最后都会走进陷阱，无法抽身。两者交替进行（或者，更广泛地混合赌局 A′ 和 B′），每个赌局都能让玩家走出另一个赌局的困境。

　　正如我们在检查不同组合方式的数值结果时所观察到的（见框 3），在组合赌局中，赌局 A′ 和 B′ 之间交替得越频繁，得到的组合就越有利。反过来说，如果从赌局 A′ 到 B′ 以及从 B′ 到 A′ 的交替太慢，那么两个亏损赌局的结合还是会亏损。比如：

- ❑ 赌局 {5% A′ + 95% B′} 是亏损的，数学期望是每局 −0.35 欧元；
- ❑ 赌局 [8A′ + 8B′] 是亏损的，数学期望是每局 −0.13 欧元；
- ❑ 赌局 (0.2: A′ ↔ B′) 是亏损的，数学期望是每局 −0.07 欧元。

　　将两个相互作用的亏损赌局组合起来，有时会产生一种相互脱困的效果，对于赌局 A′ 和 B′ 来说尤其明显。有时候，这种组合只会对一个赌局的性质产生轻微干扰，这就是帕龙多悖论中赌局 B 与赌局 A 相互作用时的情况。如果干扰足够大，那么赌局就会扭亏为盈。原版帕龙多悖论的情况与赌局 A′ 和 B′ 具有同样的性质：赌局 A 和 B 的相互作用以相对隐蔽的方式，增加了赌局 B 的价值，使它们的组合能够获利。

我们现在理解了，这里并没有什么奇迹，因为这些赌局共享一个参数（玩家赌本、筹码状态等），它们并不是相互独立的，而一个赌局的进程有可能会被另一个赌局深刻影响。赌局之间的相互作用有时会改变赌局的表现，仿佛有外部参与者在操纵结果。这样的操纵有时会让亏损的赌局变得能获利，反之亦然——经过一番思考后，这也没什么大不了的……

■ 不要滥用帕龙多悖论！

每当碰到两个负面的系统或实体在经过相互作用后得到正面结果时，人们通常会说，这就是"帕龙多悖论的变体"——这也解释了为什么大量论文会引用这个悖论。然而，这有时是在滥用帕龙多悖论，因为一直以来我们都知道，在数学和物理中有不少两个负面性质结合得到正面性质的情况。

"乌佐效应"（Ouzo effect）就是这种情况。光可以穿过水，也可以穿过纯茴香酒。然而将二者混合之后，就会得到一种光无法穿过的不透明液体。我们是否应该把这看作帕龙多悖论的一种变体？不行，这太可笑了！在数学中，两个超越数（它们不是某个整系数多项式方程的解）加起来有时会得到代数数（某个整系数多项式方程的解），π 和 $1-\pi$ 就是一个例子。我们是否应该将这看成帕龙多悖论的变体？当然不行。或许把问题留给博弈论，更为明智。

尽管不应该过度强调帕龙多悖论的重要性，但它毕竟起到了正面作用，就像数学史和物理史中那些最好的悖论。帕龙多悖论直击了来自草率分析且没有理据的直觉预期。在赌局的例子里，悖论的思想基础是独立赌局组合的性质对于相互依赖的赌局也成立。这个悖论让我们思考，在组合赌局时数学期望可加性所需的条件，也就是让两个亏损的赌局组合起来仍是亏损的条件，同时，它构造了一些简单案例，让人们不至于掉进遗忘独立条件的困境中。

帕龙多悖论可能会造成一点遗憾：一开始的例子太复杂，这会让一些人执拗地认为这是一种普遍现象，而其中的关键点可能与博弈论的经典情况产生矛盾。

帕龙多悖论的相关理论并不像相对论或量子力学那样，能证明经典物理学在某些情况下存在问题；它也没有提出什么博弈论方面的新观点，而且与人们在了解它之前已经得到的结果并不矛盾。帕龙多悖论只是一支预防针，防止人们错误地阐述组合赌局的相关结果，防止人们混淆独立赌局和关联赌局。人们确实难以抗拒对奇迹的渴望，即使对最理性的科研人员来说也是如此。只有坚定、持之以恒的智力探索才能阻止这种渴望将我们引向歧途。

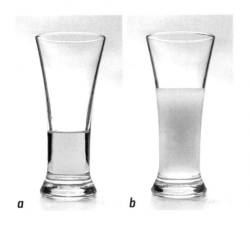

⊙ 乌佐效应并不是帕龙多悖论的变体

a. 纯净的茴香酒是透明的。

b. 在导入少量（透明的）水之后，茴香酒就变混浊了；酒中的茴香脑分子组成了微米级大小的液滴，会散射光线。这就是乌佐效应，也称"茴香酒效应"。

第 17 章

出人意料的硬币

　　人类凭本能判断而出现的错误，有时相当惊人。抛硬币得到的随机事件就是最突出的例子——似乎一切都自相矛盾。

　　抛掷一枚无偏硬币，从而得到正反面的序列，实验结果似乎没什么神秘之处了，而且人们也不会怀疑自己在统计上的预测。尽管如此，人们对许多细微之处并不了解，而一知半解会把我们引向错误，或者让我们在赌局中输钱。想了解个中原因，找到独立等概率的正反面序列中隐藏的所有陷阱并吸取教训，这是个精细且困难的工作。自 20 世纪 70 年代以来，研究人员发表了几十篇关于这一课题的论文，足以证明这一点。

　　我要讲的第一个陷阱来自 1969 年由趣味数学爱好者沃尔特·彭尼提出的一个想法：不停抛掷一枚无偏硬币，直到获得事先给定的某个正反面序列为止。比如说，我们希望得到先反面后正面的序列，记作"反正"，或者是两次正面的序列，记作"正正"。

　　现在的问题是：两者之中，哪种序列先出现的概率更大？如何在两种序列上下赌注才合理？

　　第一种推理：考虑连续抛两次硬币的结果，得到"反正"和"正正"的概率都是一样的，即 $(1/2)^2 = 1/4$。因为两个序列"反正"和"正正"的概率相当，所以任何一种情况先出现的概率相等，而"反正"在"正正"之后出现的概率是 1/2。两个序列竞争的出发点相同，要是赌一把的话，我们可以随意选择其中一个，打个 1 欧元对 1 欧元的赌。

　　但现实却大不相同：在"反正"和"正正"的竞争中，序列"反正"有 3/4 的可能会赢。所以，即使用 2 欧元押在"反正"上对赌 1 欧元押在"正正"上，也是有利的。不偏向任何玩家的赌局应该是在"反正"上押 3 欧元对赌在"正正"上押 1 欧元。下面就是这个结论的证明。

　　第二种推理：抛硬币前两次的结果可能是"反正""正反""反反"或"正正"。这四种开头的可能性相同，发生的概率都是 1/4。如果出现"正正"的话，那么它就胜出了。在其他三种可能性中，胜出的必定是"反正"。这是因为在出现一次反面之后，"正正"就不可能在"正反"之前出现了：

只要反面一直出现，这两个序列都不会胜出；而一旦出现了正面，"反正"就胜出了。如果有人跟你打这个赌，那就请选"反正"吧，你在 4 次中能赢 3 次。

1. 意料之外的平均等待时间

当抛两次硬币时，得到"正正"的概率与得到"反正"的概率一样，都是 1/4。不断抛硬币的话，"正正"出现的频率是 1/4，"反正"也一样。我们不禁要从中得出这样的结论，在不断抛硬币时，得到"正正"与"反正"所需的时间平均下来是一样的。但这是错的：要得到"正正"平均需要抛 6 次硬币，而要得到"反正"平均只需要抛 4 次。这个结果对直觉是个巨大的冲击，没人愿意相信！

要说服自己相信这个结论的正确性，我们可以做个验证实验，或者数学推导。

例一：得到序列"反"（一次反面）平均需要抛 2 次，原因如下。

❑ 第一次就得到反面（一次完成）的概率是 1/2；在平均值中，1 的权重就是 1/2。

❑ 前两次得到"正反"的概率是 1/4，这时需要抛两次硬币；在平均值中，2 的权重就是 1/4。

❑ 前三次得到"正正反"的概率是 1/8；在平均值中，3 的权重就是 1/8，以此类推。

因此，抛出"反"平均需要的次数是下面级数的和：

$1/2 + 2 \times 1/4 + 3 \times 1/8 + 4 \times 1/16 + \cdots$

这个级数可以用经典的等比数列来计算：

$$1/2 + \quad 1/4 \quad + \quad 1/8 \quad + \quad \cdots \quad = 1$$

$$1/2 + 2 \times 1/4 + 3 \times 1/8 + 4 \times 1/16 + \cdots =$$

$$1/2 + \quad 1/4 \quad + \quad 1/8 \quad + \quad 1/16 \quad + \cdots$$

$$+ \quad 1/4 \quad + \quad 1/8 \quad + \quad 1/16 \quad + \cdots$$

$$+ \quad 1/8 \quad + \quad 1/16 \quad + \cdots$$

$$+ \quad 1/16 \quad + \cdots$$

第一行等于 1，第二行等于 1/2（第一行除以 2），第三行是 1/4（第一行除以 4），等等。于是，全部加起来就是 $1 + 1/2 + 1/4 + 1/8 + \cdots = 2$。

例二：现在来计算抛出"正正"平均需要的次数 T。根据第一次抛硬币的两种可能性，我们有：

$T = 1/2 \times$（第一次得到正面时，抛出"正正"平均需要的次数）$+ 1/2 \times$（第一次得到反面时，抛出"正正"平均需要的次数）

在这里，第一次抛出反面后，要抛出"正正"平均需要的次数当然就是一开始得到"正正"平均需要的次数加 1。由于当第一次抛出反面时，相当于丢了一次机会：反面没用，之后也用不到，因此，上面求和的第二项就是 $1/2 \times (1 + T)$。

对于第一项，如果第一次抛出正面，那么得到"正正"平均需要的次数可以写成：

$1/2 \times$（第一次得到正面，第二次也得到正面时，抛出"正正"平均需要的次数）$+ 1/2 \times$（第一次得到正面，第二次得到反面时，抛出"正正"平均需要的次数）

其中，第一个括号的值显然是 2。对于第二个括号，经过与之前相同的推导，我们能得出它的值是 $(2 + T)$。总结刚才得到的所有结论，就是：$T = 1/2 \times [1/2 \times 2 + 1/2 \times (2 + T)] + 1/2 \times (1 + T)$，从中解出 $T = 6$。

例三：用同样的方法，借助例一的结果，我们能得到抛出"反正"平均需要的次数 T'，它满足：

$T' = 1/2 \times$（第一次抛出反面时，得到"反正"平均需要的次数）$+ 1/2 \times$（第一次抛出正面时，得到"反正"平均需要的次数）$= 1/2 \times (1 +$ 抛出"正"平均需要的次数）$+ 1/2 \times (1 + T') = 1/2 \times (1 + 2) + 1/2 + T'/2$

解这个方程就得到 $T' = 4$。

第一种推理错在哪里？第一句话无懈可击，而且能从中导出一个结论，就是在抛一枚无偏硬币得到的正反面长序列中，"反正"和"正正"

平均出现的次数相同。错误就在第二句话中："因为两个序列'反正'和'正正'出现的概率相当，所以任何一个序列先出现的概率都是相等的，而'反正'在'正正'之前出现的概率是1/2。"这是因为，即使两个序列出现的可能性相等，它们之间类似第二种推理指出的那种关系也会导致一出现反面，"正正"就不可能突围了，而这也导致序列"反正"先出现的可能性是"正正"先出现的3倍。

在比较"反正正"和"正正正"谁先出现时，也会碰到这种现象，就是一个序列会阻碍另一个序列的出现。在这里，前者在8次中平均能赢7次。更普遍的结论是，如果我们比较"反正……正"（共 $n-1$ 次正面）和"正……正"（共 n 次正面），那么第一个序列在 2^n 次中会胜出 2^n-1 次。也就是说，如果以1000欧元对1欧元来赌"反正正正正正正正正"先于"正正正正正正正正正"出现的话，那么你应该毫不犹豫地下注。如果你还心存疑虑，那么可以做一个抛硬币实验来检查这个结果，比如用计算机编程模拟，或者取圆周率 π 的每一位，出现奇数就算反面，偶数就算正面（如下图欧元硬币所示）。在后者的情况中，你从3、1或4开始都可以。我承认自己做过这个测试，确保在多次抛硬币得到的冗长序列中，"正正"出现的平均次数跟"反正"相同，而我还曾认为，这与"反正"的3/4概率优势不相容。这个测试结果正如理论的描述，"反正"和"正正"出现的频率相等，同时，第二种推理得到的"反正"在竞争中获胜的概率是相当有利的3/4。

下边这个小小的枚举计算不算证明（而第二种推理才是证明！），但它可以在没有计算机的情况下说服你——虽然有点奇怪，但之前提出的各种陈述可以互相兼容。让我们考虑抛4次硬币得到的16种等概率可能的序列：反反反反、反反反正、反反正反、反反正正、反正反反、反正反正、反正正反、反正正正、正反反反、正反反正、正反正反、正反正正、正正反反、正正反正、正正正反、正正正正。

"正正"这个序列跟"反正"一样，出现了12次，所以它们在频率上是相同的，而"正正"（还有"正反"）在抛4次硬币得到的16种可

能性给出的 48 对相邻结果中出现的概率是 1/4。"正正"和"反正"序列哪个会先出现呢？我们观察到"反正"胜出了 10 次（以绿色表示），而"正正"只胜出了 4 次（以红色表示）。在两种情况（"反反反反"和"正反反反"）中，两个序列都没有出现，所以需要继续抛硬币，但"反正"必定会胜出，因为这两个悬而未决的序列都以反面结束，这就注定了"正正"不可能在"反正"之前出现。将它们全部加起来，我们会发现"反正"恰好能在 4 次中赢 3 次。

如果我们比较其他长度为 2 的序列，并观察哪一个先出现的话，那么我们不难得到以下的结果（由对称性产生，或者能归结到"正正"对"反正"的情况）：

"反反"赢"反正"的概率是 1/2，
"反反"赢"正反"的概率是 1/4，
"反反"赢"正正"的概率是 1/2，
"反正"赢"正反"的概率是 1/2，
"反正"赢"正正"的概率是 3/4，
"正反"赢"正正"的概率是 1/2。

2. 状态图方法

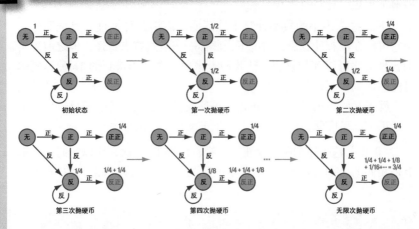

给定两个正反面的序列，比如"反正"和"正正"，我们抛一枚硬币，直到

两个序列中的一个率先出现，这个序列就赢了。与常识推断相反的是，"反正"序列胜利的可能性比"正正"大（平均每 4 次能赢 3 次）。

要证明这一点，可以直接推导（见正文），但这里展示的状态图方法可以推广到任意一对序列，甚至是 k 个序列之间的比赛。

这种方法能够（不通过模拟）确定这类竞赛中各方的胜率。

我们先画出一幅图，其中的顶点都是比赛中序列的所有可能开端。如果顶点 N 代表的序列在末端加上"正"或"反"，再去掉开头变得与研究的序列无关的几次抛硬币结果，就会变成 N′ 代表的序列，那么就画出一条由 N 指向 N′ 的弧。借助这个图，我们可以一步一步追踪每一次抛硬币在图中前进时的概率，从而计算不同情况出现的概率。

- ❑ 一开始，正、反面都没有，处于状态"无"的概率是 1。
- ❑ 在抛一次硬币之后，初始的 1 被分成了两份 1/2，分别在"反"和"正"的状态上。这说明在抛一次硬币之后，有 1/2 的概率处于状态"反"，而状态"正"也一样。
- ❑ 在抛第二次硬币之后，"正"的 1/2 概率会被分成两份 1/4。第一份 1/4 位于状态"正正"上，现在标记着 1/4。状态"反"将自己一半的概率分到状态"反正"上（标记着 1/4）；另一半概率留给自身，并将这一半和来自"正"的那份 1/4 相加，得出"反正"的概率是 1/2。这些数字表示的是在抛两次硬币之后，处于图中相应状态的概率。

图中顶点上标记的概率依据相同的规则流动：每个值被一分为二，沿着箭头移向相邻的顶点。在多次抛硬币之后，这就给出了处于某个状态的概率（用红色表示）。当然，当有些概率到达了在比赛中事先给定的序列，它就不再移动。同样，在任何一步计算中，顶点处概率的总和都是 1。

显然，到达"正正"的 1/4 不会再改变了，而剩下的 3/4 会逐渐到达"反正"；外推到无穷次的时候，"反正"的标记就是 3/4。在无穷次抛硬币之后，这个图指明了"反正"和"正正"的胜利概率分别是 3/4 和 1/4。

将这一方法应用到下图中，我们很快就能知道"反反反"对阵"正反反"的胜利概率只有 1/8。（因为在没有得到两个序列中任何一个之前，我们是不会停手的，所以只有 1/8 的概率会到达"反反反"，而其他部分的概率最终会到达"正反反"。）如果图非常复杂的话，那么研究概率如何在顶点中流动可能会变得非常困难。但是，这样的研究可以归结为线性代数的问题，而我们知道如何处理它们，所以在一般情况下，状态图方法可以得到任意数目的序列在比赛时各自的获胜概率。

状态图中的概率流动遵循的正是谷歌搜索引擎给网页打分的原则，这些分数决定了在搜索时不同网页的显示次序。最初，引擎会给每个页面赋予相同的分数，而在每一步重新分配时，这些分数会被分成几部分，传递给所有被引用网页上，经常被引用的网页就会有更高的分数。在几次重复迭代之后（不需要无穷次），重新分配的过程就会得出一个令人满意的网页知名度值。这个迭代过程可以轻松地并行，即使有数以十亿计的网页要打分，也能正常运行。

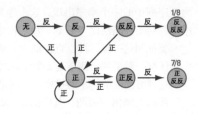

■ 平均等待时间

不巧的是，我们刚才研究的特殊情况不能告诉我们任意两个序列相互竞争会发生什么，比如"反正反"和"正正正"。平均等待时间的概念大概可以帮助我们。给定一个序列 S，我们把连续抛硬币直到 S 出现的平均次数叫作"S 的平均等待时间"。比如说，"反"（或"正"）的平均等待时间是 2（见框 1）。

抛 k 次硬币的话，两个长度为 k 的序列 S 和 S′ 会以相同的概率出现，所以，如果不断抛硬币的话，那么它们出现的频率也相同。我们很容易就此认为，S 和 S′ 的平均等待时间相同。然而这是不对的。跟之前两个序列竞争的情况一样："正正"的平均等待时间是 6，而"反正"的平均等待时间是 4。这个惊人的结论符合之前"正正"和"反正"的对比结果。在一连串抛硬币序列中，平均来说，"正正"会比"反正"出现得更晚，当我们想知道哪个更常先出现时，"正正"被"反正"打败也是很自然的事。我们能否通过 6 和 4 的平均等待时间推断出之前得到的"反正"的获胜概率 3/4 呢？很难说。如果你想找到具体规律的话，那么可能永远也找不到：在这里，出人意料、与直觉相反的现象又出现了，从平均等待时间推出 3/4 只是一种幻想。这是因为，序列 S_1 的平均等待时间可以比另一个序列 S_2 的要长，但在 S_1 和 S_2 的竞赛中，序列 S_1 先于 S_2 出现的情况更多，而不是反过来。

这种矛盾状态最简单的例子，就是 S_1 = "反正反正"和 S_2 = "正反正正"这两个序列。序列 S_1 的平均等待时间是 20，而 S_2 的平均等待时间是 18。然而 S_1 比 S_2 先出现的概率是 9/14，也就是大约 0.6428。对于

"出现频率""平均等待时间"和"在两个序列的比赛中胜出"这三个概念，虽然我们在比较两个序列的时候会凭直觉将三者联系起来，但它们实际上是相互独立的！

▧ 非传递性

我们继续讨论刚才碰到的多重悖论。

一、两个长度相同的序列在无限长的抛硬币序列中的一个给定位置上出现的概率相同，所以，它们出现的平均频率也相同。

二、在两者的比赛中，有可能一个序列比另一个更经常率先出现。

三、两者的平均等待时间有可能不同。

另外，还有下面这个看起来很复杂的现象：

四、在两个序列的比赛中，平均来说，在统计上更迟出现的序列反而更有可能先出现。

抛硬币序列的反直觉表现还远不止这些：

五、一个较短的序列有可能在比赛中胜过更长的序列，比如"反反反"和"正正反反"，后者先出现的概率是 7/12。

六、在比赛中，4 个序列可以以同样的机会先出现（各自的概率是25%），但在两两比赛中，获胜的概率却总是不同。

比如序列"反反正""反正正""正反反"和"正正反"，当 4 个序列同时比赛时，每个序列先出现的概率都是 25%；但在两两比赛时，4 个序列的获胜概率总是不一样。

七、两两对决的话，有可能得到类似 S_1 赢 S_2、S_2 赢 S_3、……、S_{n-1} 赢 S_n，但 S_n 又能赢 S_1 的循环。

"反反正""反正正""正正反"和"正反反"这 4 个序列就组成了这样的循环（见框 3）：

"反反正"能以 2/3 的概率赢"反正正"，

"反正正"能以 3/4 的概率赢"正正反"，

"正正反" 能以 2/3 的概率赢 "正反反"，
"正反反" 能以 3/4 的概率赢 "反反正"。

3. 实力关系的非传递性

　　"反反正" 对 "反正正"、"反正正" 对 "正正反"、"正正反" 对 "正反反" 和 "正反反" 对 "反反正" 这四场序列比赛的状态图表明，在每次对垒之中，第一个序列都能胜过第二个序列，这是一个看似矛盾的循环。

　　"反反正" 能以 2/3 的概率胜过 "反正正"，可以用状态图来理解，方法如下。一开始，在状态 "无" 上放上 1，然后跟踪这个 1 在每次掷硬币后的变化。尽管状态 "无" 有个箭头指向自己，但在极限情况下，全部概率 1 都会到达状态 "反"。而 "反" 会将一半概率移到 "反反" 上，这些概率最终会到达 "反反正"。状态 "反" 的另一半概率移到 "反正" 上，而其中的一半（也就是 1/4）会将移到 "反正正" 上。"反正" 的另一半 1/4 概率会移到 "反" 上，这些概率又有一半（1/8）移到 "反反正" 上，另一半移到 "反正" 上。接着，这一半概率中的一半（1/16）会移到 "反正正" 上，以此类推。顶点 "反正正" 最后总计接收的概率就是 1/4 + 1/16 + 1/64 + … = 1/3。剩下的概率为 2/3，自然而然就到达了 "反反正" 上。

　　现在，"反正正" 能以 3/4 的概率胜过 "正正反"，这个结果就更容易解释了，因为 "正正" 总计只会接收 1/4 概率。除了顶点名称不同之外，另外两个状态图与前两个完全一样，因此可以沿用之前的分析。这个循环的证明就完成了。

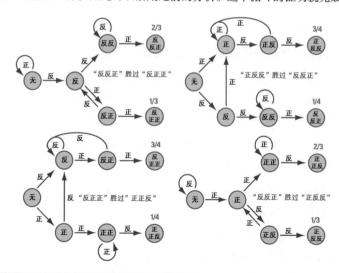

■ 纠正简单化的误区

因此，我们面对的是一个非传递性的悖论。直觉向我们耳语，每个序列都有自身的实力，借此领先于其他序列，如果 S_1 比 S_2 更强，S_2 比 S_3 更强，那么 S_1 一定比 S_3 更强。但这只是错觉，因为某个序列可以比第二个"更强"，却比第三个"更弱"。在体育竞赛或选举问题中同样存在这样的情况（见第 1 章）。

本章的框内文字解释了如何利用具体计算来验证刚才所说的结论。在认真研究这些方法后，我们的理解会更精确，改正自己明显不可靠的本能判断。仔细研究并理解第二种推理之后，我们就能接受"反正"会比"正正"更可能先出现这一点——最终，我们不再为此大惊小怪。状态图（见框 2）同样能让我们清楚理解"反反正"更可能比"反正正"先出现等现象的原因。这种方法也能在更普遍的情况中展现不同序列的强弱对比，还能帮助我们理解（并计算）这种对比是如何从两个序列的结构中得出的，以及为什么没有独立于参加序列比赛而存在的序列实力。

只知道序列 S_1 出现的频率和平均等待时间，不足以预测它与另一个序列 S_2 比赛时的实力。因为这个实力取决于 S_2 是什么，而且只针对 S_1 与 S_2 的竞争——这与我们的最初判断恰好相反。我们的本能判断为什么会有缺陷？这可能是因为，根据我们在此之前的大量经验，竞赛参与者的实力来自其自身拥有的某种资质（比如，在赛跑中"跑得快"的资质），而这与遇到的是什么对手没有关系。

利用状态图计算谁会先出现，是个精细的工作。我们能不能更迅速地得到结果？约翰·康威用一个神奇的算法确定了某个序列的平均等待时间，以及一个序列对阵另一个序列获胜的概率（见框 4）。

人们不太理解，康威这个简单得不像话的算法为什么能给出正确的答案，就像康威给出的其他结果那样。这位数学家从未发表过他的算法能恰当地计算出结果的证明（这不表示他不知道怎么证明）。人们发表了不同的证明，但没有一个是简单的。幸好，康威的才能让我们拥有了一个相当快的程序，能计算出两个序列在比赛中谁是胜者，以及它们的平均等待时间。然而据我所知，对于"在三个或更多序列的比赛中谁会获胜"这个问题，还没有类似的算法。

■ 依次选择

我们可以用正反面的序列来做游戏。如果你直接让对方在会输的序列（"正正"）上押注，而自己留着会赢的序列（"反正"），那么对方难免要起疑。最好是让对方先选择一个序列，然后自己选择另一个长度相同，却能打败对方的序列。

对于某个给定序列 S，如何得到另一个能打败 S 的序列？详细列出所有序列，用康威的算法比较所有可能性，就能给出对应的结果。

如果第一位玩家选择了超过 10 个正面或者反面的序列，那么这个计算从一开始就会很复杂，甚至不可能完成。即使在控制序列长度不超过 5 的情况下，将（预先计算好的）获胜概率表背下来也不可取。怎么办？

直到 2006 年，这个问题的最一般情况才被美国加利福尼亚大学圣迭戈分校的丹尼尔·费尼克斯解决。然而，他找到的规则（也适用于将硬币换成 k 面骰子的情况）太复杂，没办法在这里写下来。幸好我们有下面这个由马克·安德鲁斯在 2004 年提出的规则，即使这个规则不能保证胜利的概率最大，但它相当好用，而且便于心算。

面对第一位玩家选择的序列 S，在你自己的序列 S′ 中，将第一个元素取成 S 中第二个元素的"另一面"；然后接上序列 S 本身，除去最后一个元素。举个例子，如果你的对手选择了 S = "反反正反正反反正"，那么你先看看序列中的第二个元素，它是"反"，你将它"翻过来"得到"正"；然后，在其后加上对手的序列；最后，除去序列中最后一个"正"，这样就得出了 S′ = "正反反正反正反反"。康威的算法告诉我们，这样获胜的概率是 123/188 ≈ 65.43%，差不多是 2/3。然而，利奥尼达斯·吉巴斯和安德鲁·奥德里兹科证明了，应对第一位玩家的选择的最好对策并不是由安德鲁斯的方法给出的序列，也不是将对方序列的第一个元素反过来得到的序列。另外，无论第一位玩家选择哪一种方法，对于长度至少为 3 的所有序列来说，都存在一种对策，能让第二位玩家的获胜概率大于 9/14（约等于 64.29%）。

我们对概率问题的直觉常常有偏差，因为直觉轻率地推广了某些通常正确，但其实存在例外的规则，比如游戏玩家的实力与对手没有关系。我们的直觉不够细致，会将"在两个序列之间比赛中获胜"和"平均等待时间更短"混为一谈。数学家的工作就是澄清这些因常识给出错误证据而造成的混乱，证明我们眼中的悖论不过是数学里有点难以捉摸的结论。

4. 约翰·康威的神奇算法

约翰·康威构思了一个算法，不需要使用状态图，无论序列有多复杂、多长，也能指出两个序列的比赛结果。

比如，设两个序列 A = "反正反反"和 B = "反反正正"。我们将 A 写在 B 的上面：

A 反正反反
B 反反正正

如果两个序列相同，那么就在序列上方写上 1，否则就写上 0；此处应该写：

0
A 反正反反
B 反反正正

现在，我们来比较第一个序列的最后 3 个元素（"正反反"）和第二个序列的前 3 个元素（"反反正"）。如果这些子序列相同，那么我们就再写上一个 1，否则就写 0；于是有：

00
A 反正反反
B 反反正正

我们再比较第一个序列的最后两个元素（"反反"）和第二个序列的前两个元素（"反正"），等等，最后得到：

0011 = 3
A 反正反反
B 反反正正

这个 0–1 序列可以被看成二进制中的整数。

这就是 **A** 相对于 **B** 的关键值，记作 (A, B)。在这里 Key(A, B) = 3。B 的胜利概率与 A 的胜利概率之比就是：

$$[\text{Key}(A, A) - \text{Key}(A, B)] / [\text{Key}(B, B) - \text{Key}(B, A)]$$

应用康威算法得到的结果就是：

0011 = 3   1001 = 9   0000 = 0   1000 = 8
A 反正反反   **A** 反正反反   **B** 反反正正   **B** 反反正正

$$\textbf{B} \text{反反正正} \quad \textbf{A} \text{反正反反} \quad \textbf{A} \text{反正反反} \quad \textbf{B} \text{反反正正}$$

$$\text{Key}(\textbf{A, A}) - \text{Key}(\textbf{A, B}) = 6$$

$$\text{Key}(\textbf{B, B}) - \text{Key}(\textbf{B, A}) = 8$$

也就是说，当 **A** = "反正反反" 赢 8 次的时候，**B** = "反反正正" 平均赢 6 次。换句话说，**A** 能赢 **B** 的概率是 8/(6 + 8) = 4/7。

看看另一个例子：**A** = "反正反"，**B** = "反反正"

$$001 = 1 \quad 101 = 5 \quad 010 = 2 \quad 100 = 4$$

$$\textbf{A} \text{反正反} \quad \textbf{A} \text{反正反} \quad \textbf{B} \text{反反正} \quad \textbf{B} \text{反反正}$$

$$\textbf{B} \text{反反正} \quad \textbf{A} \text{反正反} \quad \textbf{A} \text{反正反} \quad \textbf{B} \text{反反正}$$

$$\text{Key}(\textbf{A, A}) - \text{Key}(\textbf{A, B}) = 4$$

$$\text{Key}(\textbf{B, B}) - \text{Key}(\textbf{B, A}) = 2$$

所以，当 **A** = "反正反" 赢 2 次的时候，**B** = "反反正" 平均赢 4 次。换句话说，**A** 能赢 **B** 的概率是 2/(2 + 4) = 1/3。

想要证明这个算法能给出正确结果，十分困难，但证明方法有好几种。

康威算法的另一个奇妙之处在于，2Key(**A, A**) 的数值就是序列 **A** 的平均等待时间。这让我们可以验证框 1 中得到的结果："正正" 的平均等待时间是 6，而 "反正" 的平均等待时间是 4。

第18章

"无能者"与彼得原理

幽默和严肃的科研工作，两者有时只有一纸之隔。彼得原理就是这样的例子，这是一项"学术地位"仍不确定的法则。

掷出 10 枚骰子，然后重新投掷那些没有掷出 1 的骰子，直到所有骰子都掷出了 1。

所有骰子都掷出 1 的时刻总会到来。有人将这个事实应用到企业中的晋升问题上，就得到了彼得原理：如果某位员工每次都能成功完成任务，老板每次都将他提拔到执行另一个任务的职位上，那么终有一天，这位员工无法胜任自己所处职位的任务，于是，他无法再得到升迁，最后只得一直留在这个不适合自己的岗位上。

用美国人劳伦斯·彼得（1919—1990）的话来说，在层级架构中，最终所有人都会到达不能胜任的高度。下面是对彼得原理的两个推论：

❏ 随着时间推移，被不能胜任的人占据的职位比例会越来越大；
❏ 对于能胜任工作的人，他们的工作量不会停止增加。

彼得与雷蒙德·赫尔合著的那本书（1969 年）能风行世界，这可能要归结于这本书中心论题的两面性：它在逻辑上似乎无懈可击，但不可能是正确的……因为这太荒谬了。彼得在书中解释了，如果说"万事必定不顺遂"（这也是这本书的副标题），那是因为没有任何东西可以抗拒这种无情的逻辑。怎样才能看清这一点？在能用彼得原理来正确解释的情况里，如何衡量它的真实影响？怎样对企业人事管理和层级架构中的升迁加以管理，才能遏制并抵消彼得原理的可能影响？

针对彼得原理的严肃研究，涉及了大量的学科，包括经济学、社会学、心理学、管理学、博弈论和政治学，更令人吃惊的是还有物理学、计算机科学和生物学。

劳伦斯·彼得的原理是一句充满幽默的箴言："在层级架构中，所有员工都倾向于被提拔到不能胜任的层级。"它背后的逻辑似乎无法反驳，同时也有这样一个推论："随着时间流逝，所有岗位都会被不能完成相应任务的人占据。"我们不禁要问：怎样才能确定谁无法胜任？记者安娜·施泰格尔提出了以下几个准则。

1. 该人的权力是将工作委托给他人，他喜欢将自己形容为团队的指挥者；

2. 装模作样，吵吵闹闹，向那些愿意相信的人展示出很忙的样子；

3. 在走廊里快步走，好像一直都很忙；

4. 如果对这个人来说犯错是人之常情，那么将错误推到别人身上更是人之常情；

5. 无论发生了什么，不能胜任的人都会努力装作一切在意料之中；

6. 在上级面前殷勤有加，却以羞辱下属为乐，尤其是那些他最需要的下属；

7. 贪恋权力关系，每天都提醒下属，他们不过是自己的下属；

8. 如果没有成功的话，那么他总会消灭自己失败的证据；

9. 在传达指令的时候，他会滥用便利贴、邮件和部门通知来拉开距离，避免面对面的接触；

10. 在会议上会装作自己说了算，不吝于将之前的发言归功于自己。

管理学是一门奇怪的科学，创造、推行那些失败管理模式的大师们，并没有时刻意识到现实人性的微妙之处和不可忽略的社会现状。但幸运的是，幽默让我们在面对那些产生灾难性后果的管理模式时不会过分严肃。

彼得原理就是这种幽默的例子，它的真实性貌似毋庸置疑，但它嘲笑了所描绘的社会现象。

人们还提出了其他类似的法则，让大家开怀大笑，然后深深思索。

"当某个设备运作良好时，人们会将它用到原本设计中没有涉及的地方，直到它无法运转。"（美国核安全专家威廉·科科伦）

"一个令人满意的软件通常会发展并完善到某个程度，使人们再也不能驾驭它的复杂度，以及它的使用方法。""不称职的员工会被直接提拔到管理职位，他们此前可能无法胜任任何职位。"（美国漫画家斯科特·亚当斯的"呆伯特法则"）

"一项工作会不断膨胀，直到占据所有用于完成它的时间为止。"（英国历史学家、散文家西里尔·帕金森的"帕金森定律"）

"能力有限的人会得出错误的结论、做出糟糕的决定，但他们的无能也限制了其批判、分析的能力，导致他们无法察觉、理解或更正自己的错误。"（"邓宁－克鲁格效应"的认知偏差现象）

《大白话全书》

想拿两份甜品，等到你当了老板再说吧！

会议开始！

我刚想说这一点！

利润

一切尽在掌握，我预备了另一张表！

2. 浮游植物

　　即使在自然界中，彼得原理似乎也有用武之地。不同种的浮游植物之间的竞争令人费解，而它们巨大的物种数量长期以来都有点不合常理。2009 年，美国生物学家威廉·德拉姆和他的同事发现了一个奇怪的机制，能部分解释这些物种巨大的多样性，这似乎就是彼得原理在生物界中一个引人注目的例子。

　　在北美州西海岸的海洋上层，能看到大量不同种的浮游植物。这些物种呈平行的层状分布，每一层都不厚，似乎每一层植物都特别适应自己所对应的深度。

　　在这些浮游植物中，大部分能移动。在层与层之间移动的能力似乎对它们有利，因为这让它们能获取更多营养和阳光。然而奇怪的现象出现了：在尝试靠近海面的过程中，每种能移动的浮游植物都会不断上升，直到贴近水面，而这时，水流的变化会破坏定向机制的稳定性，并扰乱它们的运动。在这一层，浮游植物会失去方向，无法继续向水面移动，只能停留在对它们毫无好处的深度。这就好像，浮游植物的每个单细胞个体都会向水面移动，直到达到"无法胜任的层级"，即使那里对它们没有任何特别的好处，它们还是被困在那里，无法继续上升。

■ 大胆的学术研究

首先，人们开展了实体研究：在一家选定的企业中，计算相关百分比，并在已有的统计数据中提取相应的曲线，以此验证彼得原理是否明显地影响了生产率。通过这种方法，人们确定了，在建立严格的招聘体制（即著名的"终身制"）之后，美国大学的科研生产力反而下降了。但这并非对每个国家都成立，马蕾娃·萨巴捷在 2009 年发表的一项关于法国大学晋升机制的研究显示了相反的结果。

第二类研究基于数学。研究建立在变量为实数的连续方程模型之上，就像在经济学和物理学研究中那样，引入了全局参数（企业生产率、职员能力、任务难度等）以及它们之间的关系。这些模型在归结成方程并被解开之后，证明了人们的担忧：根据绩效决定内部晋升的层级结构中，随着时间流逝，生产率会不可避免地下降；而平均上，员工的"无能"却在提高。当然，在编写方程时，层级结构中的很多实际情况都被简化了，而在模型中增加几个额外的参数，使模型变得更加复杂之后，就能得到与一开始的模型完全相反的结论。

在刚刚获得晋升的员工中所观察到的生产率下降现象，不是"回归平均"的结果吗？这种现象是 19 世纪的英国人弗朗西斯·高尔顿在比较父母和子女的身高时首次观察到的——身材高挑的父母通常会生出比自己矮的孩子，而身材较矮小的父母通常会有比自己更高的孩子。在统计上，刚刚被提拔的员工的工作效率会比之前更低，但他被提拔的理由恰好是他之前的高效。在统计学中，当前效率会回归平均，通常就是下降。对于一些研究人员来说，这就是彼得原理的唯一成因。

第三种研究是控制下的实验。研究者招募一些人作为被试，然后人为创造出某种相当于晋升的状态，并要求实验参与者与真实生活一样行动。为了让被试更认真地做出决定，为了成功付出真正的努力，他们会在实验结尾时收到与其表现相应的酬金。在这里，由于整个实验流程（也就是邀请被试参与的模拟游戏）常常过分简化了现实情况，因此得到的结果的适用性也相当有限。

最后，人们近期开始依靠计算机进行研究，基础是所谓的多主体模拟。我在之后会再谈到这个问题，因为这些研究得到的结论既新鲜又惊人。我们先继续讲述在学术研究中得到的经典结论。

一些研究结果对彼得原理提出了异议：并不是所有依据绩效的内部提拔都会导致彼得原理揭示的灾难性后果，因为头脑清醒、认真专注的企业负责人在决定晋升时会考虑到这一点。另一些研究却证明了彼得原理的正确性，而且可以测量它的效应，特别是当研究者利用了数学模型时。美国斯坦福大学的爱德华·拉齐尔确认了这种效应可以归结于回归平均的现象：它是不可避免的，但并不妨碍晋升本身对企业的好处。

■ 控制损失

当然，那些想确认彼得原理真实效应的人，从来不吝于提出（通常源自常识的）各种方法，来减少其造成的损失。

❏ 在晋升到新职位之前培训和测试员工，确保他们的能力达标。

❏ 限制内部晋升，让已有员工和从外部招聘的新员工竞争；但不能滥用这种外部招聘的办法，如果总要给新来的人让路，那么企业员工会士气下降。

❏ 加薪，这有助于激发每个人的能力，但不一定要提拔加薪的人。让那些能够发挥自己才干的人留在合适的层级上，这与企业和员工的利益都一致——获得提拔的人不会变得无法胜任。

❏ 长期以来，在军队中实践的方法是，限制军人停留在层级结构中某一层的时间，如果某人没有及时获得晋升，那么军队就会解除他的职位，以免在无法胜任的层级中停滞不前。

最近，为研究彼得原理而开发的多主体模拟工具给出了违背直觉的结果，我们现在就来介绍一下其中用到的模型。

意大利西西里岛卡塔尼亚大学的三位物理学家亚历山德罗·普卢基诺、安德烈亚·拉皮萨尔达和切萨雷·加罗法洛组成了这项研究的团队。他们的论文发表在《物理学 A 辑》(*Physica A*) 期刊上，这为他们赢得了"搞笑诺贝尔奖"——不要跟每年在瑞典颁发的诺贝尔奖混淆。"搞笑诺贝尔奖"（Ig Nobel）在英文中的发音很接近 *ignoble*，意思就是"不光彩的"。用该奖项的组织者的话来说："'搞笑诺贝尔奖'奖励的是那些先令人发笑、后引人深思的成就。这个奖项的目的是向创造性和想象力致敬，激发人们对科学、医学和技术的兴趣。"

虽然"搞笑诺贝尔奖"的获奖研究有时候看上去稀奇古怪，但它们并不只是恶作剧或高级笑话：安德烈·海姆因"悬浮青蛙"研究在2000年获得了"搞笑诺贝尔奖"，在2010年，却凭借对石墨烯的研究获得了诺贝尔物理学奖（正版的！）。

这次，意大利人关于彼得原理的研究能够获奖，原因正是其意料之外的结论：这项研究证明了在某些层级结构的组织中，随机进行提拔也许并不荒谬。要注意，这个结论提示我们可以用随机抽取的方式进行评判，而这与彼得本人的一个结论并不完全矛盾：他提出，要避免该原理的后果，可以任意利用社会的阶级结构，不要把层级结构中的上层职位分配给能力最高的人，而是分配给出身阶级最高的人。彼得的一丝幽默感不就成了被数值模拟证明的某种真理了吗？

3. "搞笑诺贝尔奖"的获奖案例

对于大众来说，"搞笑诺贝尔奖"挪揄的研究课题或结果实在荒谬可笑，西西里岛研究人员关于彼得原理的研究就是如此。下面是几个获奖案例。

1996年化学奖：授予戈布尔，获奖理由是他用液态氧在3秒内点燃了烧烤架，创下了世界纪录。

1997年昆虫学奖：授予霍斯泰特勒，获奖理由是他写了一本名为《你车上那些黏黏的东西》（*That Gunk on Your Car*）的著作，该书能帮助人们识别在汽车挡风玻璃上撞成一摊的昆虫。

1997年和平奖：授予希尔曼，获奖理由是他富于同情心的研究——"不同死刑过程中可能感觉到的痛苦"。

1998年安全工程学奖：授予赫尔图比斯，获奖理由是他组装并亲身测试了一件防灰熊铠甲。

1999年文学奖：授予英国标准协会，获奖理由是该协会撰写的BS 6008标准（共6页）描述了泡一杯茶的正确方法。

2005年和平奖：授予林德和西蒙斯，获奖理由是他们研究了蝗虫在观看电影《星球大战》放映时的大脑活动。

2005年化学奖：授予卡斯勒和格特尔芬格，获奖理由是他们对"人们在水里游得更快，还是在糖浆里游得更快？"这个问题进行了细致的研究。

2008 年医学奖：授予阿里埃里等人，获奖理由是他们证明了昂贵的安慰剂比廉价的安慰剂更有效。

2008 年经济学奖：授予米勒、泰伯和乔丹，获奖理由是他们发现了"膝上舞女"的排卵周期会影响她们收到的小费。

2009 年公共卫生奖：授予博德纳尔、李和马里扬，获奖原因是他们发明了一种文胸，在紧急情况下可以立刻变成一对防毒面罩。

2010 年和平奖：授予斯蒂芬斯、阿特金斯和金斯顿，获奖理由是他们证明了骂人可以提高忍耐痛苦的能力。

这些获奖者都心情愉快地接受了奖项，他们通常也会出席颁奖典礼（其间会有真正的诺贝尔奖获得者参加），并出于对自己独创性的自豪感，发表获奖感言。

■ 卡塔尼亚模型

意大利的研究人员利用编程语言 Netlogo 和多主体模拟方法，在计算机中创造了一个包含 160 个人的层级结构。这种方法需要定义相互独立的计算机实体，它们之间要像现实生活中的物体、生物或者人类那样相互作用，而且要尽量避免集中决策。在这些模型中，主体的自主性简化了程序的编写，也更接近现实中由多个独立主体构成的模型，在扩大模拟系统（有时候可以包含数百万个主体）之后，结果也会变得更贴近实际、更可靠。

在意大利卡塔尼亚大学模拟的金字塔型组织中有 6 个层级：第六层（最底层）有 81 位成员，第五层有 41 位，第四层有 21 位，第三层有 11 位，第二层有 5 位，第一层只有 1 位。层级结构中的每位成员都用两个数字来描述：在层级结构中相应工作的技能水平 C 和年龄 A。C 的值在 1 和 10 之间，而 A 的值在 18 和 60 之间。在模拟一开始时，研究人员根据正态分布（也就是著名的钟形曲线）来随机选择每个主体的年龄和技能水平，这是对现实分布的合理模拟。

这个模拟企业每演化一步，员工的年龄就增加 1。年龄达到 60 的员工会被除去，而技能水平低于 4 的员工也会被排除——他们被解雇了。

因此，留出的空位会由下一层级中某位员工递补，而如果是最低层级的话，那么该空位就会由新人填补。新员工的技能水平和年龄会用一开始构成初始结构的方法来决定。

要确定升到更高层级的员工技能水平到底是多少，研究人员考虑了两个模型。第一个模型遵循所谓的"彼得假设"：新职位的技能水平独立于之前职位的技能水平，就像抽选新人或者模拟开始构筑层级结构时那样，通过随机抽选决定。第二个模型采用"常识假设"：员工在爬上一级之后仍然大致保持之前的技能水平，再加上一项随机变化，但不超过最大能力值的 1/10。研究人员模拟并比较了三种类型的晋升机制。

- ❑ 提拔最优者：填补层级结构空位时，在下一层级中选择能力最高的员工。
- ❑ 提拔最劣者：填补层级结构空位时，在下一层级中选择能力最低的员工。
- ❑ 随机提拔：在晋升时，在下一层级中随机选择一位员工。

当然，在层级结构演化的每一步（模拟了一年间的变化）中，晋升导致的空缺会引发另一次晋升；如果到了最底层，那么就会引发外部招聘，如此层层递连，直到所有职位都填满为止。

想测量并比较这两个假设和三种晋升机制的影响，我们要在每一步都利用公式计算整个层级结构的整体效率。这个公式考虑了层级结构中每一位员工的效率，同时对处于金字塔上端的员工赋予更大的权重：员工职位越高，对公司整体效率来说就越重要。我们将这种衡量整体效率的方式归一化，让它处于 0%~100%，0% 对应着完全没有效率的组织，而 100% 对应着理论上的最大值，也就是所有员工都拥有最大能力值的情况。

假设与晋升机制之间一共有 6 种可能组合，都进行了 1000 步的计算模拟（相当于一千年的演化！），最终得到 6 条曲线（见下图）。每条曲线展示了企业整体效率水平的变化，它们要么总体上升，要么总体下降，最后都大体停在某个常数上，只有微弱的波动。这种波动是不可避免的，因为所有模型都依赖于各种随机因素。升职的员工大致保留之前的能力水平假设，对于对应的三条黑色曲线来说，并没有什么特殊之处。

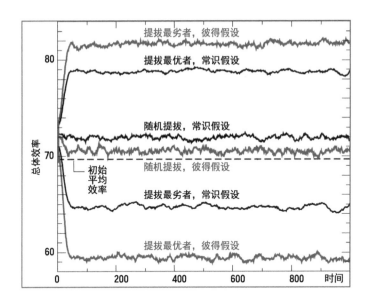

提拔无能者？

　　提拔最优者是个好策略，在升迁时，员工的能力也越来越能带来价值，因为它对整体效率的贡献越来越大。这些都会让组织得到相当高的整体效率，模拟得到的结果是 79%。假如员工升职时会保持能力水平，那么在这个符合常识的假设下，提拔最劣者就很差了：这会导致整体效率处于 65% 附近——不出意料，这个结果比随机提拔（72% 的整体效率）更差。

　　意料之外的是红色曲线，它们探索的是彼得假设，其中被提拔的员工在新职位上的能力水平和原来的能力水平没有直接联系。这一次，最好的晋升机制（总体效率为 82%）是选择提拔最无能的人（提拔最劣者）。这比在保留能力的假设下提拔最优者的效率还要高！

　　在彼得假设下，效率第二高的晋升机制是随机提拔——总体效率大约是 70%。排在最后的是自然的提拔最优者策略，它会让层级结构的整体效率跌出 60%。太不可思议了，这是 6 项计算中最差的结果。

大概正是这种奇怪之处，让完成这项计算的研究人员获得了"搞笑诺贝尔奖"，因为当然不会有任何企业会提拔最差的员工或者采取随机晋升！

这里面没出错吗？普卢基诺及其同事验证了这些计算，并成功探索了各种参数组合，以保证模型确实可靠。2011年发表的另一项补充研究探索了多种模拟组织层级结构的参数和具体结构，证实了同样的结果。

稍微想一下，这些结果其实不难预见，因为这符合回归平均（奇怪的是，那些意大利研究人员没有提到这一点）。依据彼得假说，如果晋升后的技能水平与晋升前毫无瓜葛，那么显然提拔那些最糟糕的人就有好处，因为他们在晋升之后会因为回归平均而变得更优秀。

提拔最劣者给了这些人第二次机会。这对他们而言是好事，对整体效率而言也是好事。同样道理，在彼得假说之下，随机提拔比提拔最优者要好，因为提拔最优者的话，他们整体上会回归平均，令整体效率下降。在彼得假说下，提拔最优者的策略是最糟糕的，在这里没有不合常理之处，而且彼得原理的确正确。

■ 有去无回的棘轮

在"掷骰子直到所有骰子都掷出 1"的问题中，不存在回归平均，只有棘轮效应。机械钟表里的擒纵器会使棘轮只向一个方向旋转而不会反过来，同样，在掷骰子的例子中，不重新投掷那些已经掷出 1 的骰子，会让掷出 1 的骰子的比例上升到 100%。

在"所有员工最终都会到达不能胜任的层级"的彼得原理中，起作用的是两种机制：一方面，企业内部根据绩效提拔的人的平均效率会降低，这可以用回归平均来解释；另一方面，不能胜任的人在层级结构中随着时间累积起来，这背后的原因是棘轮效应。只根据绩效来决定升迁的组织，比如那些大型行政机构，就是回归平均的受害者，因为这会产生不能胜任当前职位的人。管理更完善的组织会控制升迁，不会强求升职的人做不会做的事情，同时也不会忽视由于绩效而获得升迁的激励作用。

第二个教训就是需要遏制棘轮效应，这相对简单，比如迅速调任不能胜任的职员，甚至将之直接解雇……

■ 社会中的随机性

在进行集体决定时，随机性可能很有用，这一点同样可以应用在政治生活或司法中。这种实践早在古典时代就已经开始了。古希腊的"投票器"是在古希腊民主时期使用的一种设备，它通过随机投掷小球来运作，用来选出法官和某些政治职位。

今天，许多国家高等法院的法官都是随机选择的。随机性在选择行政官员时也起到很大作用，这个想法并非不可理喻，这可以避免权力被某个无法撼动的政治阶级垄断——他们不代表集体利益，却能在自己的阶级中达成共识，阻止那些妨碍他们利益的各种改革。

在古希腊和采用抽彩票形式来决定参议院成员的威尼斯共和国之后，在政治选举中刻意引入随机性的当代例子就只有加拿大的安大略省了：2007 年，他们用随机抽选的形式选出了公民委员会成员，负责思考选举改革事务。

第 19 章

囚徒困境和敲诈幻觉

多轮囚徒困境的博弈，可以帮助我们理解各种社会现实和策略。围绕敲诈策略的争议也是非常有趣的话题。

多轮囚徒困境的博弈阐明了，不同个体在相同环境中竞争时引发的社会行为，比如占据同一生态位的生物、争夺某个市场的竞争企业或争论合作利益的个人。尽管多轮囚徒困境建立在过度简化的基础之上，但我们仍然很难用数学来研究它，通常只有模拟才能成功解决问题。

然而 2012 年，美国普林斯顿大学著名的物理学家弗里曼·戴森与美国得克萨斯大学的威廉·普雷斯在《美国国家科学院院刊》上发表了一篇论文，凸显了以往被忽视的一系列策略。二位研究者用数学证明了，他们的 "ZD - 策略" 有着某些惊人的性质。"ZD - 策略" 似乎能利用某种敲诈形式，将自身的规则强加于多轮囚徒困境之上。这让认为不存在 "绝对" 最优策略的专家大跌眼镜。

在囚徒困境中，两个人可以各自选择 "合作"（记作 c）或 "背叛"（记作 t）。如果两人都选择 c（合作）的话，那么就能得到 R 点分数；如果都选择 t（背叛）的话，那么会获得 P 点分数；如果一个人选择 t，而另一个人选择 c 的话，那么就会各自获得 T 点和 S 点分数。这些规则可被归纳成：$[c, c] \rightarrow R + R$、$[t, t] \rightarrow P + P$、$[t, c] \rightarrow T + S$。设 $T > R > P > S$，其中，通常可以选择的值是：$T = 5$、$R = 3$、$P = 1$、$S = 0$。于是就有 $[c, c] \rightarrow 3 + 3$、$[t, t] \rightarrow 1 + 1$、$[t, c] \rightarrow 5 + 0$。

1. 经典策略

a

1. 原样奉还：第一次先选择合作，之后选择前一局对手的选择。

2. 软弱多数：选择对手的大多数选择，在第一局时或在相等时选择合作。

	3. 睚眦必报：选择合作，一旦对手背叛，之后总选择背叛。
	4. 投石问路：前 3 次选择背叛、合作、合作；从第四步开始，如果对手在第二局和第三局都选择了合作，那么总是选择背叛，否则采用"原样奉还"的策略。
	5. 周期 cct：周期性选择合作、合作、背叛。
	6. 强硬原样奉还：选择合作，除非在之前两局之中对手曾经背叛。
	7. 一团和气：总是选择合作。
	8. 反复无常：以 1/2 的概率随机选择背叛。
	9. 将信将疑：第一次先背叛，然后选择前一局对手的选择。
	10. 背信弃义：总是选择背叛。
	11. 强硬多数：选择对手的大多数选择；在第一局或者相等时选择合作。
	12. 周期 ttc：周期性选择背叛、背叛、合作。

这是一场 1000 局的循环赛。图 a 展现了经典策略，图 b 和图 d 表示获得的收益。每个策略都会与其他策略相遇，也会与其自身相遇。最后，根据每一局的得分（图 c）来计算收益。将收益相加，就能看到那些侵略性策略的排名更靠后。"背信弃义"策略在对阵其他任何策略时都能胜利或至少打平，但也因此，它在 12 个策略中只排第十位。"原样奉还"策略在对阵任何策略时会落败或打平，却赢了整个循环赛，这是因为它激励了合作。

在策略演化的模拟中（图 e），赢得最多点数的策略能在下一世代留下更多的后代。不难观察到，演化会收敛到广义上的合作策略，而所有从一开始就背叛的策略都消失了。在 30 代之后，只剩下"原样奉还""软性多数""睚眦必报""强硬原样奉还"和"一团和气"，它们有着稳定的数目。即使是"投石问路"和"周

期 cct"等不太有侵略性的策略也消失了。

在最初的 12 种策略中，我们可以再加上正文中定义的两种策略——"巴甫洛夫"策略（它通常比"原样奉还"更好）和"翻算旧账"策略（图 f）。"翻算旧账"排在第一位——好记性果然有用！其他测试也确认了"翻算旧账"比"原样奉还"好：在面对没有记忆的侵略性策略（"反复无常""周期 cct"等）时，"翻算旧账"通常能执行最优行动——总是"背叛"（t），而"原样奉还"则不能。

b

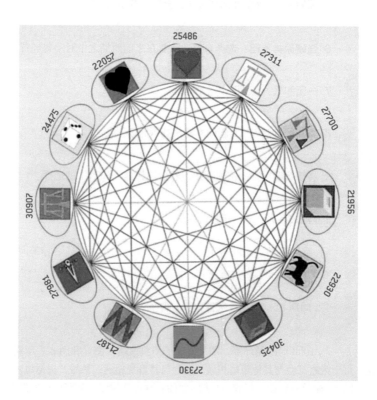

c

玩家 2 得分	玩家 1 得分	
	合作（c）	背叛（t）
合作（c）	3 / 3	5 / 0
背叛（t）	0 / 5	1 / 1

d

	1	2	3	4	5	6	7	8	9	10	11	12
1	3000	3000	3000	2999	2667	3000	3000	2244	2500	999	2500	1998
2	3000	3000	3000	2999	2001	3000	3000	2095	2500	999	2500	2331
3	3000	3000	3000	1007	3663	3000	3000	2975	1003	999	1003	2331
4	2999	2999	1002	1004	2669	1005	4996	2541	2995	998	2496	1996
5	2667	3666	343	2664	2334	1671	3666	1994	2664	333	3663	1665
6	3000	3000	3000	1010	3331	3000	3000	2634	1003	999	1003	2331
7	3000	3000	3000	6	2001	3000	3000	1486	2997	0	2997	999
8	2248	2645	512	1601	2834	1401	4009	2245	2252	491	2567	1670
9	2500	2500	1003	3000	2669	1003	3002	2254	1000	1000	1000	1999
10	1004	1004	1004	1008	3668	1004	5000	3033	1000	1000	1000	2332
11	2500	2500	1003	2501	2003	1003	3002	2112	1000	1000	1000	2332
12	2003	671	671	2006	3335	671	4334	2497	1999	667	667	1666

e

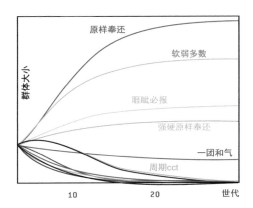

f

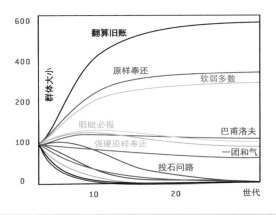

当上一局分别为 $[c, c]$、$[c, t]$、$[t, c]$、$[t, t]$ 时，在本局选择合作（c）的概率分别为 p_1、p_2、p_3、p_4，我们可以用这些概率来定义拥有一局记忆的策略，并将这个策略记作 $Strat(p_1, p_2, p_3, p_4)$。普雷斯和戴森考虑了一组依赖 3 个参数 a、b、c 的策略 $Strat(p_1, p_2, p_3, p_4)$，称之为"ZD－策略"，记作 $ZD(a, b, c)$。在 $\{R = 3, S = 0, T = 5, P = 1\}$ 的情况下，p_1、p_2、p_3、p_4 之间的一般公式是：

$p_1 - 1 = 3a + 3b + c$；

$p_2 - 1 = 5b + c$；

$p_3 = 5a + c$；

$p_4 = a + b + c$

普雷斯和戴森证明了，当 $ZD(a, b, c)$ 对阵某个 $Strat$ 类型的策略时，如果前者的平均得分记作 G_1，后者的平均得分记作 G_2，那么这些平均得分满足 $aG_1 + bG_2 + c = 0$。

这个平均得分并不取决于 $Strat$ 具体是什么！我们说，策略 $Strat$ 被 ZD－策略"控制"了。当 $a = 0$ 而 $b \neq 0$ 时，有：

$p_1 = 3b + c + 1$，$p_2 = 5b + c + 1$，$p_3 = c$，$p_4 = b + c$，$G_2 = -c/b$

换句话说，$Strat$ 的平均得分与定义它的概率无关，只依赖于它面对的 ZD－策略 $ZD(a, b, c)$。这样的 ZD－策略被称为"均衡化策略"。

我们考虑均衡化策略的一个例子：

$a = 0$，$b = -1/3$，$c = 2/3$，

$p_1 = 2/3$，$p_2 = 0$，$p_3 = 2/3$，

$p_4 = 1/3$，$G_2 = -c/b = 2$

下面是这个均衡化策略与不同经典策略的对局结果：

均衡化策略 = 2.5 ↔ 原样奉还 = 2

均衡化策略 = 3 ↔ 翻算旧账 = 2

均衡化策略 = 3 ↔ 一团和气 = 2

均衡化策略 = 1 ↔ 背信弃义 = 2

均衡化策略 = 2 ↔ 周期 cct = 2

均衡化策略 = 1 ↔ 睚眦必报 = 2

均衡化策略 = 2 ↔ 均衡化策略 = 2

均衡化策略会迫使对手的平均得分固定在一个定值，但有时，这需要牺牲自己的得分：在对阵"睚眦必报"时，它平均每局只得 1 分。均衡化策略会让碰到的策略获得较低的分数，然而当它碰到自己的时候，就自食其果了！

■ 背叛还是合作?

"囚徒困境"这个说法来自一个虚构的故事：两位携带武器的嫌疑人在银行门口被抓住，审讯人员想方设法让他们分别承认试图抢劫的罪行。如果其中一位嫌疑人承认了，即背叛了共犯，而另一位没有承认，即与共犯合作的话（选择 [t, c]），那么承认罪行的人会被释放（将获得5 年的自由），没有承认的人会被判 5 年刑期（抢劫银行的最高刑期）。如果两名共犯团结一致（选择 [c, c]）的话，那么他们会各自被判 2 年刑期，罪名是非法持有武器（比起最严重的 5 年刑期来说，他们将获得 3 年的自由）。如果两名嫌疑人同时背叛，也就是同时承认罪行（选择 [t, t]）的话，那么他们会各自得到 4 年刑期（比起最坏的情况来说，他们将得到 1 年的自由，作为供认不讳的回报）。

在这种情况下，背叛是合理的：它得到的结果总是比合作要好。这是因为如果另一个人合作的话，那么我背叛会得到 5 分，而合作只能得到 3 分；如果另一个人背叛的话，那么我背叛会得到 1 分，而合作能得到 0 分。

这就是悖论。合起来看，两个人如果选择 [c, c] 能得到 6 分，而选择 [c, t] 得到的分数会更少，如果选择 [t, t]，那么分数还要再少一些。从集体利益出发，每个人都应该合作，但个体独自进行的逻辑分析却不可避免地导致 [t, t]，而从集体的角度看，这是最坏的结果！

如果选择合作和背叛会在两个人身上重复上演的话，那么这个困境就会重复出现。这时，决策就是选择某个策略，在得知对手之前的行动之后，知晓下一步应该如何选择。

■ "原样奉还"是个好策略

"原样奉还"策略会在第一局先选择合作，然后在第 n 局时选择对手第 n − 1 局的选择。"周期 ttc"策略则是先选择背叛、再背叛，然后合作，就这样不停重复 3 个选择的序列。当"原样奉还"遇上"周期 ttc"时，它们的对局如下：[c, t] [t, t] [t, c] [c, t] [t, t] [t, c] [c, t] [t, t] [t, c]……于是，这会给"原样奉还"带来每局平均 $(0 + 1 + 5)/3 = 2$ 分，而"周期 ttc"每局的平均得分也是 $(5 + 1 + 0)/3 = 2$ 分。

某些策略的选择是随机决定的，例如"反复无常"策略会通过抛硬币的方式，以 50% 的机会选择合作，以 50% 的机会选择背叛。简单的计算表明当"反复无常"遇上"原样奉还"时，每局平均会得到 $9/4 = 2.25$ 分，与对手得分一样。

简单思考一下就可以证明，首先，无论对手选择什么策略，对局持续多长时间，"原样奉还"不可能输掉超过 5 分；其次，它也不可能胜过对手。罗伯特·阿克塞尔罗德证明了，在各种策略参与的循环赛中（每个策略都与所有其他策略对阵，包括它自己，然后计算得分总和），"原样奉还"是个好策略。它不是每次都能得第一，因为某些策略组合对它不利，但它通常名列前茅。这个策略从来赢不了别人，但它的行为能激励合作，因此得到的高分会将它送上第一梯队（见框 1）。

另外两个策略与"原样奉还"一样有趣。

- ❏ **巴甫洛夫**：第一步合作；然后，如果前一步得到的分数超过 3 分，那么继续做相同的选择，否则改变选择。
- ❏ **翻算旧账**：第一步合作；然后，如果对手背叛，那么下一步用背叛惩罚对手（就像"原样奉还"会在第 n 步用背叛来回应第 $n - 1$ 步的背叛）。但这次的惩罚比"原样奉还"更严厉，会连续用 k 次背叛来惩罚对手，在这里 k 是对手之前背叛过的总数，所以这次的背叛惩罚是"翻算旧账"。经过这个报复阶段之后，连续两次选择合作来重修盟好。

"翻算旧账"策略是珍格勒夫斯基在 1993 年构思出来的，他也是《为了科学》杂志的读者，参加了杂志组织的一场比赛。这场比赛的结果暗示了，只要策略越来越复杂，策略的质量就没有上限。自此之后，法国里尔基础信息学实验室的布鲁诺·博菲斯的研究得出了如下公认的结论。

- ❏ 不存在比其他策略都优秀的策略，但实际上，某些策略在几乎所有可能的环境中表现得都不好，而另一些策略则在各种循环赛中表现良好。
- ❏ 那些最好的策略会以牙还牙：它们在遭遇背叛的时候会报复。

❑ 最好的策略愿意冒合作的风险：它们一开始会合作，面对选择合作的对手，它们不会背叛。

❑ 最好的策略懂得宽恕：在对手背叛之后，它们最终会原谅对手并重启合作（就像"翻算旧账"那样）。

除了利用循环赛衡量策略，还有更精细的测试方法。"生态选择"就是这样的方法之一。我们将每一个策略复制几份，放在虚拟的竞技场中举行循环赛，以此测试。根据这次循环赛的得分，改变每一个策略的数目，这就定义了另一个世代。新世代根据相同的流程又产生下一个世代，如此类推。那些能获胜的策略（也就是数目最多的策略）在不同的场景下表现得都不错，所以它们排名不俗，这一点比简单的循环赛给出的结果意味更为深刻。

这些计算结果模拟了自然选择，导出的结论相当惊人：除了某些罕有的情况，最终竞技场中只剩下那些从一开始就不背叛的策略。在几个世代之后，占据竞技场的就是那些在面对面时只会选择 [c, c] 的策略，也就是说，它们处于一种广泛合作的状态。这个现象令人震惊：尽管没有监管机制，而且在每一局中都存在着背叛的诱惑，但演化将所有屈服于这种诱惑的策略都清除了。

■ 改变给定条件的结果？

普雷斯和戴森在 2012 年的论文让人大为震惊，论文的标题也相当耸动：《在重复囚徒困境中存在能压制任意演化对手的策略》。这篇论文惊动了研究者，他们原本以为向广泛合作的收敛会清除压制性策略（也就是能在对手身上牟利的策略），然而，普雷斯和戴森展示的策略并不遵循众人眼中的决定性规则：在面对合作的对手时，千万不要主动背叛。更糟糕的是，这篇论文提出的最优策略相当简单——在做决定时只用到前一局的选择，这与"用越来越复杂的策略无止境地改进表现"的想法背道而驰。

但更惊人的是，上述前沿结果是数学证明。在这一问题上，想证明结果并不容易，因为与之相关的策略空间是无穷而离散的。这个空间由所有能作为策略的算法组成，其中没有任何与策略表现直接相关的拓扑结构。基于连续结构的常规方法不能得出任何结果。这个可能策略空间的内涵无比丰富，无法归结于几条公式或逻辑推断。普雷斯和戴森的结果质疑了演化理论、经济学和社会科学在此前承认并应用的结论。

普雷斯和戴森的工作围绕着从定理中抽出的两个论题。第一个定理讲述的是重复囚徒困境被限制在只有一局记忆的随机策略中的情况："反复无常""原样奉还"和"巴甫洛夫"策略都属于这个类别，但检索之前所有对局的"翻算旧账"则不在此列。

3. 敲诈型策略

在普雷斯和戴森发现的 ZD‐策略中，有一些策略会进行敲诈。如果 $c = -(a+b)P$ 的话，那么可以证明，ZD‐策略在对阵另一个策略时的平均得分 G_1（对手的平均得分记作 G_2）满足：$G_1 - P = X(G_2 - P)$，在这里 $X = -b/a$。明确地说，如果对方想赢得更多，也就是令 $G_2 - P$ 的值增加，那么这就必然导致 ZD‐策略的平均得分上升，这个得分与 P 之间的差距总会是对方得分与 P 的差距的 X 倍。

定义这些敲诈型策略的 4 个参数由以下的方程给出：

$$p_1 = 2a + 2b + 1;\ p_2 = 4b - a + 1;\ p_3 = 4a - b;\ p_4 = 0$$

考虑这个类别中的两个敲诈型策略和两个均衡化策略（参数见下图），观察它们与经典策略的共同演化，首先是不包括"翻算旧账"的情况，然后是包括"翻算旧账"的情况。敲诈型策略的巨大缺点之一，就是它们在与自身或任意敲诈型策略对阵时表现得很差。在演化模拟中，均衡化策略和敲诈型策略都不会长久，而"翻算旧账"却拿到了第一位。

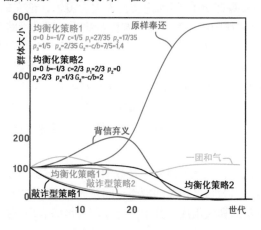

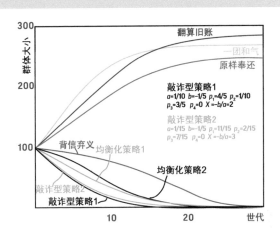

群体大小

300

翻算旧账
一团和气
原样奉还

敲诈型策略1
a=1/10 b=-1/5 p_1=4/5 p_2=1/10
p_3=3/5 p_4=0 X=-b/a=2

敲诈型策略2
a=1/15 b=-1/5 p_1=11/15 p_2=2/15
p_3=7/15 p_4=0 X=-b/a=3

200

100

背信弃义 均衡化策略1

均衡化策略2

敲诈型策略2

敲诈型策略1

10   20   世代

■ 拥有一局记忆的随机策略

拥有一局记忆的策略可以用 4 个参数 p_1、p_2、p_3、p_4 来定义。这些参数描述了当之前一局的选择分别是 $[c, c]$、$[c, t]$、$[t, c]$、$[t, t]$ 时，这一局选择合作的概率。假定这些策略在第一局都会选择合作，我们将一般策略记作 $Strat(p_1, p_2, p_3, p_4)$。

"原样奉还"策略就是 $Strat(1, 0, 1, 0)$：如果前一局是 $[c, c]$ 或 $[t, c]$ 的话，那么它会以 100% 的概率合作，否则就会背叛。我们同样可以轻易验证"反复无常"策略是 $Strat(1/2, 1/2, 1/2, 1/2)$，而"巴甫洛夫"策略是 $Strat(1, 0, 0, 1)$。

普雷斯和戴森考虑的是一类特殊的 $Strat(p_1, p_2, p_3, p_4)$ 策略，它们依赖于 3 个参数 a、b、c，这就是 ZD - 策略，记作 $ZD(a, b, c)$（见框 2）。"ZD"这两个字母的意思是"行列式为零"（zero determinant），这样的行列式出现在导向定理的推理中。

两位研究者证明了，当对手也采用拥有一局记忆的策略时，这些策略的平均得分与对手的平均得分呈线性关系。因此，当我们让 $ZD(a, b, c)$

对抗另一个 *Strat* 类型的策略时，如果将前者的每局平均得分记作 G_1，而将后者记作 G_2 的话，那么这些得分满足 $aG_1 + bG_2 + c = 0$。

如果 $a = 0$ 而 $b \neq 0$ 的话，我们有 $G_2 = -c/b$，也就是说 *Strat* 的平均得分与定义它的概率无关，这个得分只取决于它对阵的 ZD - 策略，记作 ZD$(0, b, c)$！这样的 ZD - 策略就是均衡化策略。在对阵这种策略时，所有拥有一局记忆的策略都会得到一开始就知道的平均分数 $-c/b$。面对均衡化策略，挣扎是没有用的，最多只能得到 $-c/b$ 的分数，再多就没有了！$-c/b$ 的可能值处于 P 和 R 之间，也就是在经典设定中处于 1 和 3 之间。

策略 ZD$(0, -1/3, 2/3)$ 就是 *Strat*$(2/3, 0, 2/3, 1/3)$，无论对方使用的是哪一种拥有一局记忆的策略，它都会迫使对手获得每局 2 分的平均分数。还有更妙的就是 ZD - 策略中所谓的 X - 敲诈型策略。只有让这类策略成比例地获得更好的分数，才能在它们手上获得不错的结果。在这些策略中，$c = -(a + b)P$。当你与之对阵时，你的平均得分 G_2 与它的平均得分 G_1 满足 $G_1 - P = X(G_2 - P)$，其中 $X = -b/a$。这意味着，这些策略平均得分超过 P（在通常设定下取 1）的部分与对手平均得分超出 P 的部分成正比。在对阵 X - 敲诈型策略时，只有提高对方的分数才能提高自己的分数：它会让你上缴收益的 X 倍！

考虑一下 ZD$(1/10, -1/5, 1/10)$（框 3 中的敲诈型策略 1），也就是策略 *Strat*$(4/5, 1/10, 3/5, 0)$。这是一个 2 - 敲诈型策略：它超过 P 的收益是对手的 2 倍。比如说，当它对阵"巴甫洛夫"策略时，后者平均得分是 1.62（比 1 高 0.62），而前者平均得分则是 2.24（比 1 高 1.24）。

■ 不需要更多记忆

普雷斯和戴森论文中的第二个重要定理是，假设策略 A 与拥有 k 局记忆的策略 B 进行无限轮的对阵，那么存在另一个策略 A′，与策略 B 对阵得到的平均分数相同，却只需要 k 局的记忆。要得到针对一个给定策略的成绩，不需要比对方拥有更长久的记忆。

将普雷斯和戴森的两个数学结果结合起来，就能证明在对阵均衡化策略或者敲诈型策略时，受它们限制的不仅是那些只有一局记忆的策略，还有所有记忆有限的策略。于是，人们得出如下结论："那些拥有最后一局以外记忆的策略毫无用处，而我们手中的 ZD - 策略就是能完全支配重复囚徒困境的策略。"

的确有人这样解释上述定理，而普雷斯和戴森论文的题目暗示了，他们自己也是这样想的（尽管论文本身的内容更加谨慎）。然而，无论是认为策略拥有更多记忆毫无用处，还是认为 ZD - 策略拥有绝对的统治地位，这都大错特错。2013 年间发表的几篇论文（见参考文献）就证明了这一点。我们来看看为什么。

我们先来看看 ZD - 策略所谓的"统治地位"。我们早已知道，在重复囚徒困境中，有时候打败对手（得到比对手更多的分数）的代价就是牺牲一些分数，假如接受会被打败的结果，那么平均得分也许会更高。"背信弃义"策略（总是背叛）能打败所有其他策略（这是显然的）。举个例子，它与"原样奉还"策略对阵 100 回合时，会得到 104 分，而对方只会得到 99 分。"一团和气"策略（总是合作）无法打败"原样奉还"，在与它对战 100 回合时会得到 300 分，而对方也得到 300 分。虽说"背信弃义"在对阵"原样奉还"时会胜利，但这种胜利实际上误入歧途，因为如果利用"一团和气"策略的话，那么得到的分数会更高。

■ 与对手合作，会更好

大部分 ZD - 策略的情况差不多，它们打败对手的代价仅仅是放弃高分。敲诈型策略面对所有策略都能取胜，但代价是总分降低。此外，X - 敲诈型策略（这里 $X > 1$）在与自己对阵时，只能得到平均每局 1 分（根据理论计算，也经过模拟验证），这可不怎么样。"好的策略就应该打败对手"，这种想法不对。更好的想法是，不要总想着打败对手，而是跟对手合作，拿到更高的分数。

"原样奉还"策略值得我们注意，在描述其性质时，总有一点悖论的感觉："原样奉还"无法单独打败任何一个策略，而且会被大量的策略打败，然而它是一个能赢得许多循环赛和演化竞赛的好策略。"原样奉还"的胜利不是像敲诈型策略那样，迫使其他策略赢得的分数比自己少，而是会惩罚那些不肯合作的策略。它迫使对手合作。在面对这种策略的时候，要么你赢得的分数不多，要么你必须合作——这对它好，对你也好。

因此，认为 ZD - 策略是最佳策略，其实是一种误解。在一对一的情况下，ZD - 策略能压制对手，就像"背信弃义"那样，但其整体上的表现却差得可怜！除了"打败对手就相当于得到高分"这个错误以外，忽视另一点也会让人们误认为 ZD - 策略能压制全场：想要站稳脚跟，就要在跟自己对阵的时候表现得更好。这一点在循环赛中很重要，但在演化竞赛中更重要。这是因为，如果你在头几个世代里取得先机，那么竞技场中就会充满跟你一样的策略，所以你会经常碰见同样的策略。如果一个策略在面对自己的时候表现得不好，那么情况就会逆转。

在普雷斯和戴森的数学结果中并没有任何错误，但只考虑了"谁能在一对一竞赛中胜出"这个问题，忽视了"赢得了多少分？""在面对自身时应对是否恰当？"等问题，所以，他们证明的定理并不能得出 ZD - 策略是好策略的结论。

普雷斯和戴森认为，策略不需要拥有额外记忆，这在他们证明的准确意义上是正确的：如果策略 A 面对一个拥有 k 局记忆的策略 B，那么就有另一个策略 A′，在对阵策略 B 时能获得跟 A 一样的平均得分，却只有 k 局的记忆。但这不代表在面对两个拥有 k 局记忆的策略 B 和 C 时，也存在另一个只有 k 局记忆的策略 A′，在对阵 B 和 C 时的平均得分与 A 相同。这是因为在对阵 B 时能代替 A 的策略 A′，与在对阵 C 时能代替 A 的策略 A″ 不一定相同。普雷斯和戴森关于额外记忆的结果只在一对一的时候有效，而在循环赛或者演化竞赛中却不再成立。

研究者探索本职之外的领域是非常有益的事情，而且，假如普雷斯和戴森对自己的研究结果没有信心，那么他们也不会给论文起了这么一个耸人听闻的标题——经过分析之后，这个标题错了——但是，他们也无法将人们的注意力引向这个不管怎么说都有着真正意义的课题了。故事虽假，意味深长！

第 20 章

人类，比机器更好的玩家

借助新的协调方法，依靠人类的智慧有时候能得到比计算机程序更好的结果。

1997 年 5 月，计算机"深蓝"战胜加里·卡斯帕罗夫翌日，法国《解放报》的头版标题就是："人类没戏了吗？"在国际象棋中，今天的计算机能打败最优秀的人类选手，这种潮流似乎已不可逆转。机器的优越性也体现在众多策略性博弈上。实际上，计算机已经能计算出英国跳棋的最优策略了，计算机在这方面已经不可战胜；而在国际象棋上，计算机仍然做不到这一点，虽然程序下得已经不错，但还有改进的余地（见第 5 章）。对于久攻不下的围棋，计算机在 2016 年也已经达到最优秀人类选手的水平。

更令人意外的是，IBM 开发的 Watson 系统于 2011 年在《危险边缘》（*Jeopardy!*）游戏中战胜了人类。这是一个问答游戏，本质上不是组合游戏而是语言谜题。人们本以为这需要机器尚不能掌握的常识和智能，但事实证明了，人工智能甚至在人们本以为它无法突破的领域，也有了长足进步。当然，Watson 系统拥有能瞬间查阅庞大规模信息的 15 TB 数据库，这在其中做出了巨大贡献。如果说 Watson 系统赢得了比赛，那么这正是因为它用到了自然语言处理中的众多算法，这些算法与人类的思想方法相去甚远。与国际象棋的情况一样，机器赢了，但并非通过模仿。

在用二元逻辑似乎难以解决的其他问题上，计算机也取得了一定进展。比如，在解答纵横字谜中，Dr Fill 程序的表现已经接近最优秀的人类选手。自动驾驶的进步如此迅速，以至于美国某些州已经批准某些自动驾驶系统在路上与其他车辆一起行驶，条件是需要一名可以随时接管方向盘的人类从旁监视。

然而，统筹、利用人类智能的新方法也取得了惊人结果，甚至是意想不到的反转！有些问题的本质是组合，这似乎决定了机器在这些问题上必然能战胜人类，但人类探索出的解答竟然比在最强大的计算机系统上运行的最完善的算法得到的结果还要好。

只要将问题转化成适当的形式，人类大脑在某些情况下是比计算机更好的"计算机"。为了让人类用于玩乐的智能开花结果，以游戏的形式展示问题必不可少，此外，还需要复杂的计算机图像界面。这似乎暗示了其实是计算机和人类联合解决了问题，但这么分析并不公正，因为计算机只是"仆人"，负责展示数据、执行人类玩家提出的操作命令、衡量玩家是否向答案迈进或已经得到了解答——所有决定都是由人类玩家做出的。

1. "星系动物园"里的青蛙

哈勃天文望远镜收集到的数据过于庞大，天文学家无法处理，并且过于复杂，人们还做不到用算法将星系分类。要进行必要的分类工作，并将结果转化成研究者所需要的重要科学数据，只能借助志愿者的智慧，这就是"星系动物园"（Galaxy Zoo）项目。在这个有关数百万星系的数据挖掘工作中，一位名为哈尼（Hanny）的荷兰网友发现了一个奇怪的天体（见下图）。这个天体在图中以绿色（伪彩色）表示，被命名为"哈尼天体"（Hanny's Voorwerp），它引发了天文学家的种种猜想和推测。

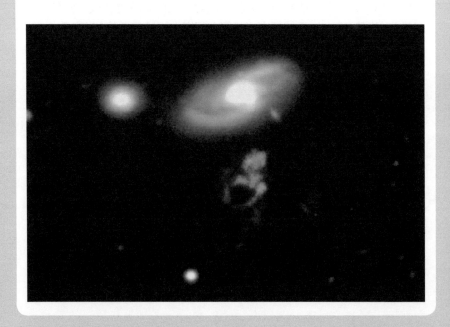

■ 蛋白质折叠

我们一旦知道基因序列中编码某个蛋白质的核苷酸序列，也就是一串由 A、C、T、G 四个字母组成的序列，就能确定组成这个蛋白质的氨基酸序列，以及蛋白质在三维空间中的折叠方式。这样的空间形态决定了蛋白质分子中的活性部分，以及它如何与其他分子相互作用。对于生物学家来说，了解这种折叠是必不可少的。折叠可以被粗略看成一个能量最小化的问题，但其中的自由度相当大（数十个维度，有时候甚至更多），要找到正确的折叠方式极其困难。在今天，即使是专用的计算机程序，在这个方面表现得也相当一般。

美国华盛顿大学的游戏科学中心和生物化学系共同开发了一个名为 Foldit（意为"把它折起来"）的在线交互软件，你可以从 http://fold.it/ portal/ 这个地址上轻松下载。这个软件提出了有关折叠的谜题。在软件中，屏幕上会显示一个三维空间中的分子，玩家可以转动这个分子，仔细研究各个部分，还能操纵不同的组件，这都是为了尽可能试着将蛋白质折叠起来。各种不同的信息会引导玩家，其中当然包括能量的值，而玩家需要将这个值最小化。玩家可以撤销操作、随机扰动整个分子、固定某些部分，等等。碰碰运气，不一定需要生物化学的知识，重要的是通过入门训练和发现来学习。玩家的目标是优化已知最好的折叠方式的能量。

Foldit 程序从 2008 年就开始运作，截至 2017 年已经有 300 000 位注册玩家。玩家们找到的最优秀的结构会被该领域的专家记录、分析并测试。玩家为了得到好成绩会组成团队。最高分的列表会不断更新，而玩家与团队之间各式各样的竞赛也让人跃跃欲试。

2011 年，一个名为 Contenders 的团队给出了某种逆转录病毒中的一种蛋白酶的准确结构，这种病毒会使恒河猴产生类似艾滋病的免疫缺陷。这个问题悬而未决已有大约十五年了。Contenders 团队的解答发表在了《自然－结构与分子生物学》杂志上。在论文中，这个团队的名字与其他为 Foldit 项目工作的研究人员并列，成了共同作者。他们发现的这个折叠方式也许能帮助人们发明抵抗病毒的新方法，用于抗击人类艾滋病。

　　玩家每时每刻都能看到目前显示的分子构型的分数信息（与需要降低的能量值相关）。要提高这个分数，玩家可以选择几种不同类型的行动，作用在需要折叠的分支上：抓住并移动分子中的构成原件；摇晃一下骨架、侧链或者整个分子，再看看分数会不会提高；放置一些弹性连接或者把它们去掉，这能帮助玩家更好地控制整个结构，等等。玩家们有一本"配方"记事本（图片左方边沿）：每个"配方"都是一连串预先定义好的行动，玩家们都认为，这些配方执行起来相当有效。

　　玩家和玩家团队折叠这些分子的方式常常比最好的专用算法更好！

　　这个游戏也被用于改变蛋白质自身，优化它们执行某个功能的效率。2012 年 1 月，人们就这样完善了一个能催化所谓"狄尔斯－阿尔德反应"的酶，大大提高了酶的效率。据这项研究工作的协调者塞思·库珀称："人们天生拥有处理空间思考的能力，而计算机还没有。"

■ 发现算法

　　最近，Foldit 游戏的程序变得更完善了，玩家可以定义一般性折叠方法，或者说是算法，而且可以交换、复制和改进这些方法。这些不断演进、互相竞争的"配方"之间相互作用，产生了丰富的成果，带来了比之前所知更好的"配方"。根据玩家的意见，有两个配方特别成功。人们注意到，这两个方法与最近新出现的一个算法非常相似，该算法是由蛋白质折叠编程专家开发的，超越了以往发表的最优秀的算法。

Phylo程序将遗传序列比对的问题转化成了游戏。玩家需要移动染色的方格，在每一列得到尽可能多的同色方格。程序检验了大量的比对问题，确定了不少可能对齐得更好的区域。然后，这些区域就被翻译成了染色谜题。

程序向参与者展示了这些现有的问题之一。如果参与者找到了更好的比对排列，那么这个方法就会被加入产生这个谜题的比对问题中。大量的比对方法就这样被玩家逐步完善，就像 Foldit 游戏的情况一样，玩家通过视觉能力和智慧，得到了比算法更优秀的结果。

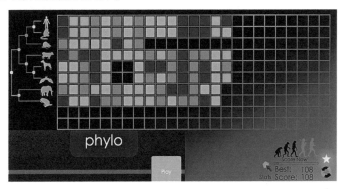

在描述这一发现的论文中，作者总结到："在线科学游戏不仅能解决难题，而且能发现并规范地描述出高效的新算法。"

就这样，玩家利用他们与生俱来的在三维空间中操控物体的能力和常识，打败了最优秀的算法，并构想出了新算法，其复杂性和效率都能与专家开发的算法平分秋色。当然，参加这些实验的玩家为数众多，在参与比赛的激情裹挟之下，有些人为此花了大量时间、精力和创造力，才达到这样的成就。

我们不禁想到，如果能动员更多的人参与这类新的科学游戏，那么全球玩家整日玩各种计算机游戏所花费的数百万小时就有了用处……美国游戏科学中心的领导人佐兰·波波维奇提出了一个大胆的目标："我们的最终目的是所有人都能玩这些游戏，并可以因此获得诺贝尔奖。"

计算生物学中另一个相当困难的问题，就是脱氧核糖核酸（DNA）、核糖核酸（RNA）或蛋白质的生物分子序列的多重比对问题。针对给定序列，我们希望找到一种排列方法，将它从上到下排列起来，显示出相似的区域，并将相似区域尽量对齐排好。利用一些计算机程序，可以最大化序列之间相同的地方。这时可以引入空洞（序列不连续的地方）。最终结果表示为用以下方法打分的排列表格：（一）两个序列在同一位置的元素相同，计 1 分；（二）在某个位置，两个序列有分歧，从排列表格中扣 1 分；（三）引入空洞扣 5 分，拉长一个已存在的空洞再扣 1 分。

在定下规则之后，计算最优比对就只是例行公事了。只要尝试所有可能的序列比对（个数有限），然后给它们都打分，我们就能确定哪一个排列得到了最好的分数。不巧的是，这个问题说起来简单，但解答所用的计算却非常"复杂"，而且没有一致的有效算法。这是因为它属于 NP- 完全问题，对于这类问题，没有人知道当数据量增加时，如何在合理的时间内处理。

序列比对问题在确定蛋白质功能和系统发生学中非常重要。序列比对可以用来确定蛋白质的活性区域，这些区域在演化过程中被很好地保留了下来，对应着排列表格中对齐得很好的部分。当我们发现蛋白质 A 和已知功能的蛋白质 B 同源时，具体的序列比对就能指出蛋白质 A 可能具有的功能。

4. 卡尔波夫和卡斯帕罗夫打败了群众

尽管正文介绍的各种例子说明，"让一群人解决一个对于个人来说过于困难的任务"的想法通常可以得到出色的结果，但这也会给人一种错觉，认为"众包方法"适合解决任何问题。

当然不是。1996 年，在互联网上举行的一场比赛中，阿纳托利·卡尔波夫[①]打败了他的对手——"世界上的其他人"。然而在比赛中，其对手的每一步都是多数表决得出的，于是，有些水平较差的棋手会投票给坏着法。

1999 年组织的加里·卡斯帕罗夫对战"50 000 位优秀棋手"的比赛难度更大，而且，这又一次证明了，群体在某些情况下仍有可能被单一个体打败。来自 75 个国家的 50 000 位棋手，由 4 位包括艾蒂安·巴克洛[②]在内的专业棋手指导。

---

① 卡尔波夫是俄罗斯国际象棋大师，曾获世界国际象棋冠军头衔。——译者注

② 艾蒂安·巴克洛是法国国际象棋棋手，拥有国际象棋特级大师的头衔，而且获得头衔时年仅 14 岁 2 个月，打破了当时的纪录。——译者注

大家希望团结一致，与卡斯帕罗夫来一场精彩的对局，但卡斯帕罗夫在你来我往的 62 个回合之后，就赢得了比赛[1]。难道因为计算机"深蓝"在国际象棋上战胜了卡斯帕罗夫，而卡斯帕罗夫又打败了众人，我们就能下此结论："深蓝"或其后继者也必然能打败众人？

在 2012 年 7 月，卡尔波夫又与众人对战一局，后者仍然根据多数人的表决结果出招，在 37 回合后，卡尔波夫就获得了胜利[2]。

无论是国际象棋还是科学，它们都不"民主"，并非多数人支持就会胜利。有时候在科学中，创新者必须反对所有人都习惯的想法，这是有道理的。

多重序列比对的第二个用处与物种亲缘关系的研究有关：哪些物种之间有着共同的近缘祖先？这些祖先物种在进化树（相当于家谱树）上又处于什么位置？同一系列蛋白质的组成部分之间的多重序列比对，可以帮助我们计算蛋白质之间最有可能的系统发生树，而这棵树也关系到包含这些蛋白质的物种。序列比对越精确，得分越高，用这种方法重新构建的系统发生树就越可靠。研究人员利用、完善、改进并共享了各种算法，就是为了计算多重序列比对，从中推断系统发生树。

加拿大麦吉尔大学生物信息学中心的亚历山大·克莱寇和他的同事受到 Foldit 游戏启发，开发了一个名为 Phylo 的交互软件（https://phylo.cs.mcgill.ca），它将多重序列比对的问题转化成游戏，提供给所有人。即使没有任何生物学知识，人们也可以在其中寻找最优的对齐方法。在游戏中，屏幕上会显示彩色的排列表格，玩家可以摆弄表格中的小方块，来寻找对齐序列的方法。在每次移动小方块之后，程序都会告知目前显示的排列表格的分数，也就是需要提高的分数，所以玩家没必要知道它们代表什么。

① www.chessgames.com/perl/chessgame?gid=1252350

② www.europe-echecs.com/art/partie-majoritaire-contre-karpov-fin-de-la-partie-majoritaire-de-karpov-4421.html

Phylo 比 Foldit 更容易上手，而且也有很大的用途。在为玩家提出的比对问题中，序列长度是有限的，这是为了适应人类的眼睛。如果向玩家提出的问题被解决了，并得到了比目前已知的序列比对（用一个高速算法计算出来，得出的排列质量一般）更好的分数，那么玩家的解答将取代数据库中的原纪录。

这个游戏的组织者表示，在向玩家提交的序列中，70% 都得到了改善，之前的序列比对被人类玩家的结果所取代。在运行 6 个月之后，这个游戏吸引了超过 12 000 位网友，产出了超过 300 000 条不同的序列比对。正如麦吉尔大学的研究人员所说的那样，这再次证明了线上玩家的视觉才能超过了已知的算法。

■ 大有可为的方法？

Phylo 程序的使用是免费的。如果生物学家希望利用它来改进工作中重要的序列比对，也可以轻松地使用这个平台。只需将有待改进的序列比对按照一定格式发送到一个电子邮箱地址，然后排列表格就会自动转换成图形游戏；如果玩家改进了初始的序列比对，那么得到的图形解答就会被重新翻译成生物学家使用的记号，然后插入到整个序列比对中对应的位置，同时会发还给最初发出请求的研究人员。

Foldit 和 Phylo 仅能暂时提供好处吗？它们能让人类在长远的未来仍可以打败机器吗？

只要人们能更深入地理解问题，或者分析并复制人类大脑的运作方式，又或者实现足够高的计算能力，人类的才能在面对机器时就会变得不值一提，就像国际象棋的故事那样——这样的想法似乎不无道理。如此一来，Foldit 和 Phylo 也将没什么意义了。

但反过来可以说，视觉皮层中的神经网络经过数千万甚至上亿年的进化，得到了非常精细的优化，因此，这些神经网络的运作方式无比精妙，人们在相当长的时间内无法理解。换句话说，我们在短期内都不会知道如何在硅片上将这些机制写成程序。进一步说，我们甚至可以想象这样的情形，详细理解大脑或者其中某些部分的运转也许是不可能的，因为要理解它们就必须对其深入探查，也就是要将其破坏……正因如此，目前还没有办法断言 Foldit 和 Phylo 的前景将会如何。

将现实中的科学难题转化为游戏，这个主意非常妙。这种想法最近才实行，但很早之前就有了端倪。研究团队可以请求外界的帮助，完成需要耗费太多时间或精力，仅靠自己无法实现的工作——这就是"星系动物园项目"的由来。

■ 数百万个星系

想了解星系的形成和演化，必须根据其形态加以分类，得到大量的样本。星系可以被粗略区分为旋涡星系和球状星系。给定一幅星系图，专家能迅速指出星系的类型，不费吹灰之力就可以对数百个星系进行分类。难题在于，研究人员希望考虑的星系数目要数以百万计，因为对他们来说，得到尽可能全面的分类是相当重要的。在网上志愿者的帮助下，"星系动物园"项目（www.zooniverse.org）的第一个版本完成了对 100 万个星系的分类。其间用到的图像来自安装在美国新墨西哥州阿帕契点天文台里的一台数码相机。如果没有 8 万名志愿者的努力，科学家们就不可能描绘用哈勃太空望远镜观察到的 6000 万个星系各自的特点。

另外，在这些观察和分类工作中，一位叫作哈尼·范阿尔寇的网友发现了一个奇怪的天体。该天体被命名为哈尼天体，它相当神秘，引发了专家们的讨论和猜测。这再次证明了，我们应当用人工彻底地检验目前可用的天文数据，即使它们的数量是个天文数字……

如果说，人类智能有时在计算或分类上比机器做得更好，那是因为问题的阐释和展示做得好：借助在线交互软件，探求答案变成一件有趣而简单的事情。这多亏了目前的台式计算机的图像性已经达到了极高水平。

这些方法获得成功的另一个原因就是信息网络和即时通信技术的发展，这些技术将项目组织者和分散在世界各个角落的众多潜在玩家连接起来。有了这些技术，大批玩家才会来碰碰运气，完成不可取代的工作。其中的核心想法就是，将科研人员不知道怎么用计算机解决、单人又几乎无法完成的任务分给"群众"。在这些例子中，人类智能之所以能打败计算机，是因为有许多人一同协调参与。将自己无法解决或无法用机器解决的问题交给众人，这个想法并不新鲜。2006年，《连线》（*Wired*）杂志的编辑杰夫·豪将之命名为"群众外包"（或者"众包"，意为"向群众外包工作"或"大规模的计算分发"）。这种方法在科学领域之外也有不少实践案例。有一个叫 reCAPTCHA 程序格外惊人，在这个系统中，众多网友甚至在不知不觉中就参与了验证书籍数字化结果的工作。

5. reCAPTCHA服务

某些网站会要求用户输入几个变形符号组成的字符串，目的是防止某些程序代替真人进行操作，比如大量注册电子邮件账号。这些测试假设只有人类才能将图中的符号正确地转写出来，以便将人类和机器区分开来——这就是阿兰·图灵在1950年提出的概念。这种测试叫作 CAPTCHA，这是英语 Completely Automated Public Turing Test to Tell Computers and Humans Apart（全自动区分计算机和人类的公开图灵测试）的缩写。

有一个项目使用 CAPTCHA 进行大规模"众包计算"，它已经投入运行好几年了。这个项目名为 reCAPTCHA，它向登录验证的用户提出的要求不止是阅读一次模糊的字母，而是两次。第一个短语用来测试是不是在跟人类打交道，第二个短语是来自某个文档的图像——这是 reCAPTCHA 的管理人员希望数字化的文档，而自动文字识别算法认为这段文档难以判断，或根本不清楚。用户的第二个解答能用于将这一处无法理解的片段数字化，这项工作可以由另一位用户独立验证，让结果更为可靠。自动数字化方法难以解决的文档就这样被处理好了。这个系统被《纽约时报》用于文档管理。

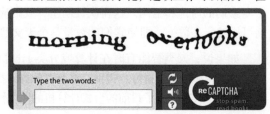

当群众都来计算时

提到"众包",有些人注意到,这个想法的应用可以追溯到计算机还不存在的年代。诞生于 19 世纪中叶的《牛津英语词典》就借助了 800 位志愿者的力量,他们抄写了书中的段落,给编辑者提供了大量的准确引用,以及关于各个单词在英语中的用法与意义的可靠信息。维基百科当然也采用了某种形式的众包,尽管只有那些有意愿的人才会在上面写作,但其可靠性与其他百科全书相距不远,而它提供的条目数量却远大于由专家编写的最大的百科全书。

然而我们也要注意,将任务分给数量庞大的人群,其结果不一定优于一个能力出众的人单打独斗得到的结果。

众包失败最戏剧化的例子是于 1999 年举办的一场卡斯帕罗夫对阵全世界棋手的比赛,来自 75 个国家的 50 000 人参加了这场比赛。在这场共 62 回合、每回合历时两天时间的比赛中,卡斯帕罗夫一人对抗全世界国际象棋棋手组成的群体。尽管组织方式让优秀棋手在集体决定下一步着法时所提出的意见拥有更重的分量,但卡斯帕罗夫还是赢了。

这一对战被视为国际象棋历史上最重要、内容最丰富的比赛之一。之后,一份 200 页的评论问世,分析比赛中出现的众多崭新着法和奥妙之处。但无论如何,大众还是输了!

参考文献

第一部分 骰子、纸牌和棋盘

第 1 章 埃弗龙的古怪骰子

J. Grime, Non-transitive dice, 2017. http://singingbanana.com/dice/article.htm

M. Criton, Les jeux de dés, Gazette des Mathématiciens, 2011.04, 128 : 47-61.

M. Finkelstein et E. Thorp, Nontransitive dice with equal means, dans Optimal Play : Mathematical Studies in Games and Gambling, 2006: 293-310.

M. Gardner, The Colossal Book of Mathematics : Classic Puzzles, Paradoxes, and Problems, W. W. Norton & Company, 2001: 286-311.

R. Savage, The paradox of nontransitive dice, The American Mathematical Monthly, 1994, 101(5): 429-436.

G. Széleky, Paradoxes in Probability Theory and Mathematical Statistics, Reidel Publishing Company, 1986.

M. Gardner, The paradox of the nontransitive dice and the elusive principle of indifference, Scientific American, 1970.12, 223: 110-114.

Z. Usiskin, Max-min probabilities in the voting paradoxe, The Annals of Mathematical Statistics, 1964,35: 857-862.

第 2 章 怎么玩一手完美的扑克

M. Bowling et al., Heads-up limit hold'em poker is solved, Science, vol. 347, 2015: 145-149.

Cepheus Project, pages web d'information sur le programme optimal calculé par l'équipe de Michael Bowling, 2015. http://poker.srv.ualberta.ca/.

O. Tammelin, Solving large imperfect information games using CFR+, prépublication arXiv: 1407.5042, 2014.

J. Rubin et I. Watson, Computer poker : A review, Artificial Intelligence, 2011, 175(5): 958-987.

S. D. Levitt et T. J. Miles, The role of skill versus luck in poker: Evidence from the world series of poker, Journal of Sports Economics, 2014, 15(1): 31-44.

第 3 章 扑克牌的数学魔术

M. Dow, Minimal arrays containing all sub-array combinations of symbols : De Bruijn sequences and tori, 2014.

J. W. Klop, Nicolaas Govert de Bruijn (1918-2012) – Mathematician, computer scientist, logician, Indagationes Mathematicae, 2013, 24: 648-656.

P. Diaconis et R. Graham, Magical Mathematics, Princeton University Press, 2012.

J. Sawada et al., De Bruijn sequences for the binary strings with maximum density, WALCOM'11 Proceedings of the 5th international conference on WALCOM: algorithms and computation, Springer, 2011: 182-190.

V. Becher et P. A. Heiber, On extending de Bruijn sequences, Information Processing Letters, 2011, 111: 930-932.

C. Flye Sainte-Marie, Solution à la question n° 48, L'Intermédiaire des Mathématiciens, 1894, 1: 107-110.

第 4 章 洗牌

M. Balázs et D. Szabó, Comparing dealing methods with repeating cards, ALEA, Lat. Am. J. Probab. Math. Stat. 2014, 11(2): 615-630. http://alea.impa.br/articles/v11/11-29.pdf.

P. Diaconis et al., Analysis of the casino shelf shuffling machines, Technical Report 2011(08), Department of Statistics, Stanford University, 2011. 08.

S. Assaf et al., A rule of thumb for riffle shuffle, Ann. Appl. Probab., 2011, 21(3): 843-875.

A. Lachal, Quelques mélanges parfaits de cartes, Quadrature, 2010, 76: 13-25.

P. Diaconis et R. Graham, The solutions to Elmsley's problem, Math Horizons, 2007.02, 14(3).

B. Mann, How many times should you shuffle a deck of cards, dans Topics in Contemporary Probability and its Applications (éd. J. L. Snell), CRC Press, 1995: 261-289.

D. Bayer et P. Diaconis, Trailing the dovetail shuffle to its lair, The Annals of Applied Probability, 1992, vol. (2)2: 294-313.

第 5 章 英国跳棋的终结？

J. Lemoine, S. Viennot, Il n'est pas impossible de résoudre le jeu d'échecs. 1024. Bulletin de la société informatique de France, 2015.07, n° 6: 15-40. www.societe-informatique-de-france.fr/wp-content/uploads/2015/07/1024-no6-lemoine-viennot.pdf.

Chinook : information détaillée proposée par l'équipe des chercheurs de l'Université d'Alberta et possibilité de jouer avec Chinook. http://www.cs.ualberta.ca/~chinook/.

S. Gelly, R. Munos, L'ordinateur champion de go ? in Pour la Science, 2007.04, 354.

J. Schaeffer, N. Burch, Y. Björnsson, A. Kishimoto, M. Müller, R. Lake, P. Lu, et S. Sutphen, Science, 2007.09.14, 317, : 1518-1522; publication en ligne le 18 juillet 2007.

J. Schaeffer, Y. Björnsson, N. Burch, A. Kishimoto, M. Müller, R. Lake, P. Lu, et S. Sutphen, Solving Checkers, International Joint Conference on Artificial Intelligence, 2005: 292-297.

N. Guibert, La programmation des jeux de stratégie, in Pour la Science, 2002.03, 293: 62-68.

J. Schaeffer. One Jump Ahead, Challenging Human Supremacy in Checkers, Springer, New York, 1997.

第二部分 迷人的谜题

第 6 章 数独迷局

McGuire et al., There is no 16-clue sudoku : Solving the sudoku minimum number of clues problem via hitting set enumeration, Experimental Mathematics, 2014, 23(2): 190-217.

J. Cooper et A. Kirkpatrick, Critical sets for sudoku and general graph colorings, Discrete Mathematics, 2014, 315: 112-119.

J. Rosenhouse et L. Taalman, Taking Sudoku Seriously : The Math Behind the World's Most Popular Pencil Puzzle, Oxford University Press, 2012.

H.-H. Lin et I-C. Wu, An efficient approach to solving the minimum sudoku problem, ICGA Journal, 2011, 3: 191-208.

A. van der Essen, Carrés magiques, Belin, 2016.

第 7 章　汉诺塔，不仅仅是小朋友的游戏

T. Bousch, La quatrième tour de Hanoï, Bull. Belg. Math. Soc. Simon Stevin, 2014, 21(5): 895-912.

A. M. Hinz et al., The Tower of Hanoi-Myths and Maths, Birkhäuser, 2013.

J.-P. Delahaye, La suite de Stern-Brocot, soeur de la suite de Fibonacci, Pour la Science, 2012.10, 420.

I. Stewart, Four encounters with Sierpinski's gasket, The Mathematical Intelligencer, 1995, 17(1): 52-64.

J.-P. Delahaye, Voyageurs et baguenaudiers, Pour la Science, 1997.08, 238.

第 8 章　难以置信的推理

Axel Born, Kor Hurkens et Gerhard Woeginger, The Freudenthal Problems and its ramifications, in Bulletin of the European Theoretical Computer Science Society, Part I : 2006.10: 175-191; Part II : 2007.

H. Freudenthal, Problem No. 223. Nieuw Archief voor Wiskunde 17,152, 1969 ; Solution to Problem No. 223. Nieuw Archief voor Wiskunde, 1970, 18: 102-106.

M. Gardner, Mathematical Games, in Scientific American, 1979, 241(6): 20-24.

L. Sallows, The Impossible problem, in The Mathematical Intelligencer, 1995, 17: 27-33.

第 9 章　数字也有韧性

Persistence of a number, Wikipedia : http://en.wikipedia.org/wiki/Persistence_of_a_number.

E. Weisstein, Multiplicative Persistence, from MathWorld-A Wolfram Web Resource.

C. Rivera, Problems & Puzzles, 2017, www.primepuzzles.net/puzzles/puzz_022.htm et www. primepuzzles.net/puzzles/puzz_341.htm.

M. R. Diamond, Multiplicative persistence base 10 : Some new null results, 2011.

A. Bellos, Here's Looking at Euclid : A Surprising Excursion Through the Astonishing World of Math, Free Press, 2010: 176.

M. R. Diamond et D. Reidpath, A counterexample to a conjecture of Sloane and Erdös, J. Recreational Math., 1998, 29(2): 89-92.

Une persistance à la Erdös jusqu'à 17, www.primepuzzles.net/puzzles/puzz_341.htm.

第 10 章　折纸的数学

R. Lang, Origami Design Secrets, Mathematical Methods for an Ancient Art, CRC Press (2e édition), 2012.

J. O'Rourke, How to Fold it, The Mathematics of Linkage, Origami and Polyhedra, Cambridge University Press, 2011.

E. Demaine et J. 0'Rourke, Geometric Folding Algorithms, Cambridge University Press, 2007.

R. Alperin et R. Lang, One-, two, and multi-fold origami axioms, Origami, 2006, 4: 371-393.

第三部分　图与几何的游戏

第 11 章　方格上的漫步

A. Goucher, Golygons and golyhedra, 2014.04.30, http://tinyurl.com/qfphnze.

J. O'Rourke, Can we find lattice polyhedra with faces of area 1, 2, 3, ...?, 2014.04.28, http://tinyurl.com/noc28ne.

J. O'Rourke, Lattice orthogonal polyhedra face-area sequences=, Golyhedra ?, 2014.02.23.

L. Sallows, New pathways in serial isogons, The Mathematical Intelligencer, 1992, 14(2): 55-67.

L. Sallows, M. Gardner,R. Guy et D. Knuth, Serial isogons of 90 degrees, Mathematics Magazine, 1991, 64(5): 315-324.

第 12 章　火柴棍艺术

S. Kurz et G. Mazzuoccolo, 3-regular matchstick graphs with given girth (http://arxiv.org/abs/1401.4360), 2014.

S. Kurz et R. Pinchasi, Regular matchstick graphs, The Amer. Math. Monthly, 2011, vol. 118(3): 264-267.

E. Gerbracht, Minimal polynomials for the coordinates of the Harborth graph (http://arxiv.org/pdf/math/0609360.pdf), 2006.

P. Brass, W. Moser et J. Pach, Research Problems in Discrete Geometry, Springer, 2005.

第 13 章　六环的挑战

C. Mann et B. Thomas, Heesch number of edge-marked polyform, Experimental Mathematics, 2016, 25.

A. Akhmedov, Cayley graphs with an infinite Heesch number, prépublication arXiv:1412.0358, 2014.

A. Tarasov, On the Heesch number for the hyperbolic plane, Mathematical Notes, 2010, 88(1-2): 97-102.

C. Mann, Heesch's tiling problem, American Mathematical Monthly, 2004, vol. 111(6): 509-517.

第 14 章　手工几何学

T. Abbott et al., Hinged Dissections Exist, Proceedings of the Twenty-fourth Annual Symposium on Computational Geometry 2008: 110-119. Voir : http://arxiv.org/abs/0712.2094.

G. N. Frederickson, Piano-Hinged Dissections: Time to Fold!, A K Peters Ltd., 2006.

C. Mao et al., Dissections : self-assembled aggregates that spontaneously reconfigure their structures when their environment changes, Journal of the American Chemical Society, 2002, 124: 14508-14509.

G. N. Frederickson. Hinged Dissections : Swinging & Twisting, Cambridge University Press, 2002.

G. N. Frederickson. Dissections : Plane and Fancy, Cambridge University Press, 1997.

H. Lindgren, Recreational Problems in Geometric Dissections and How to Solve Them, Dover Publications, Inc., 1972. Revised and enlarged by Greg Frederickson.

第 15 章　分形艺术

J. Brunet, L'art fractal. Aux frontières de l'imaginaire, éd. POLE, 2014.

M. Hvidtfeldt, blog Syntopia (donne de précieuses informations techniques), 2014, http://blog.hvidtfeldts.net/.

J. Leys, articles sur le site Images des Maths, 2010 : Un ballon de foot fractal, http://images.math. cnrs.fr/Un-ballon-de-foot-fractal.htmlMandelbox, http://images.math.cnrs.fr/Mandelbox. htmlMandelbulb, http://images.math.cnrs.fr/Mandelbulb.html.

C. Pöppe, Du relief pour les fractales, Pour la Science, 2010.09, 395.

B. Mandelbrot, Fractals and an art for the sake of science, Leonardo, supplemental issue, 1989: 21-24.

第四部分　荒谬而矛盾的游戏

第 16 章　积败为胜

S. N. Ethier et J. Lee, Parrondo Games With Spatial Dependence, Fluctuation and Noise Letters 11.02, 2012.

D. Abbott, Asymmetry and disorder: A decade of Parrondo's paradox, Fluct. Noise Lett., 2010, 9: 129-156.

S. N. Ethier et J. Lee, Limit theorems for Parrondo's paradox, Electron. J. Probab., 2009, 14: 1827-1862.

Z. Mihailovic et M. Ra jkovic, Cooperative Parrondo's games on a two-dimensional lattice, Physica A, 2006, 365: 244-251.

R. Iyengar et R. Kohli, Why Parrondo's paradox is irrelevant for utility theory, stock buying, and the emergence of life, Complexity, 2004, 9(1): 23-27.

G. P. Harmer et D. Abbott, A review of Parrondo's paradox, Fluct. Noise Lett., 2002, 2: 71-107.

G. P. Harmer et D. Abbott, Parrondo's paradox, Statist. Sci., 1999, 14: 206-213.

第 17 章　出人意料的硬币

E. Pegg, How to Win at Coin Flipping, 2010.11 : http://blog.wolfram.com/2010/11/30/how-to-win-at-coin-flipping/.

R. Nickerson et P. Ante, Counterintuitive probabilities in coin tossing, The UMAP Journal, 2007, 28: 523-532.

D. Felix, Optimal Penney Ante strategy via correlation polynomial identities, The Electronic Journal of Combinatorics, 2006, 13-1, R35.

M. W. Andrews, Anyone for a nontransitive paradoxe? The case of Penney Ante, prépublication, 2004 (m.andrews@ucl.ac.uk).

S. Collings, Coin sequence probabilities and paradoxes, Bull. of the Inst. of Math. and its Applic., 1982, 18: 227-232.

L. Guibas et A. Odlyzko, String overlaps, pattern matching, and nontransitive games, Journal of Combinatorial Theory, 1981, A30-2: 183-208.

第 18 章　"无能者"与彼得原理

A. Pluchino et al., Efficient promotion strategies in hierarchical organizations, Physica A : Statistical Mechanics and its Applications 2011, 390-20: 3496-3511.

A. Pluchino et al., The Peter Principle revisited : A computational study, Physica A, 2010, 389: 467-472.

P. Sobkowicz, Dilbert-Peter model 2010, vol. 13(4): 4.

M. Sabatier, Promotion and productivity in French academia : A test of the Peter Principle, Université de Savoie, Institut de recherche et gestion en économie, 2009.

Ph. Boulanger, Il n'y a pas moyen de moyenner, Dossier Pour la Science, n° 59, 2008.

D. Dickinson et M. Villeval, The Peter principle : an experiment, Groupe d'analyse et de théorie économique, UMR CNRS 5824, 2007 (http://hal.inria.fr/docs/00/20/12/25/PDF/0728.pdf).

E. Lazear, The Peter principle : A theory of decline, Journal of Political Economy, 2011, 112(1): 141-163.

L. Peter et R. Hull, The Peter Principle : Why Things Always Go Wrong, William Morrow & Company, 1969.

第 19 章　囚徒困境和敲诈幻觉

Ph. Mathieu, J.-P. Delahaye, New Winning Strategies for the Iterated Prisoner's Dilemma, Proceedings of the 14th International Conference on Autonomous Agents and Multiagent Systems, AAMAS-2015, 2015, 1665-1666.

C. Adami et A. Hintze, Evolutionary instability of zero determinant strategies demonstrates winning is not everything, Nature Comm., 2013, 4: 2193.

C. Hilbe et al., Evolution of extorsion on iterated prisoner's dilemma games, PNAS, 2013, 110: 6913-6918.

W. Press et F. Dyson, Iterated prisoner's dilemma contains strategies that dominate any evolutionary opponent, PNAS, 2012, 109: 10409-10413.

K. Sigmund, The Calculus of Selfishness, Princeton University Press, 2010.

B. Beaufils, Modèles et simulations informatiques des problèmes de coopération entre agents, Thèse de doctorat, Université de Lille, 2000.

M. Boerlijst et al., Equal pay for all prisoners, American Mathematical Monthly, 1997, 104: 303-307.

W. Poundstone, Le dilemme du prisonnier, Cassini, 1993.

B. Beaufils, J.-P. Delahaye et P. Mathieu, Our meeting with Gradual : A good strategy for the iterated prisoner's dilemma, Proceedings of Artificial Life V, MIT Press/Bradford Books, 1996: 202-209.

第 20 章　人类，比机器更好的玩家

A. Kawrykow et al., Phylo : A citizen science approach for improving multiple sequence alignment, PloS ONE, 2012, 7(3): e31362.

Kasparov versus the world, Wikipedia, 2012 : http://en.wikipedia.org/wiki/Kasparov_versus_the_World.

S. Thomas, 9 examples of crowdsourcing, before crowdsourcing existed, 2012 : http://memeburn.com/2011/09/9-examples-of-crowdsourcing-before-'crowdsourcing'-existed/.

F. Khatib et al., Algorithm discovery by protein folding game players, PNAS, 2011,108(47): 18949-18953.

F. Khatib et al., Crystal structure of monomeric retroviral protease solved by protein folding game players, Nat. Struct. Mol. Biol., 2011, 18: 1175-1177.

C. Lintott et al., Galaxy Zoo : Morphologies derived from visual inspection of galaxies from the Sloan Digital Sky Survey, Monthly Notices of the Royal Astronomical Society, 2008, 389(3): 1179-1189.

J. Howe, The rise of crowdsourcing, Wired Magazine, 2006.06.

J. Surowiecki, The Wisdom of Crowds, Anchor Books, 2004.

人名对照表

A. 威廉斯 A.Williams
B. 史蒂文斯 B. Stevens
B. M. 斯图尔特 B. M. Stewart
C. T. 乔丹 C. T. Jordan
C. 谢德 C. Schade
G. 马佐科洛 G. Mazzuoccolo
J. S. 弗雷姆 J. S. Frame
J. 帕赫 J. Pach
J. 萨瓦达 J. Sawada
M. A. 马丁 M. A. Martin
P. 布拉斯 P. Brass
R. S. 施密德 R. S. Schmid
S. 库斯 S. Kurz
T. 佩奇·赖特 T. Page Wright
W. 莫泽 W. Moser

A

阿尔特·布洛克海斯 Aart Blockhuis
阿贺冈芳夫 Yoshio Agaoka
阿克塞尔·博恩 Axel Born
阿兰·图灵 Alan Turing
阿里埃勒·费尔纳 Ariel Felner
阿里埃里 D. Ariely
阿列克谢·尼金 Alexei Nigin
阿列克谢·塔拉索夫 Alexey Tarasov
阿那克萨戈拉 Anaxagoras
阿纳托利·卡尔波夫 Anatoli Karpov
阿特金斯 J. Atkins
阿西莫夫 Asimov
埃伯哈德·格布拉赫特 Eberhard Gerbracht
埃德加·吉尔伯特 Edgar Gilbert
埃里克·德曼 Erik Demaine
埃里克·弗里德曼 Erich Friedman
埃米尔·博雷尔 Émile Borel

艾蒂安·巴克洛 Étienne Bacrot
爱德华·拉齐尔 Edward Lazear
爱德华·卢卡斯 Édouard Lucas
爱德华·索普 Edward Thorp
安德烈·海姆 André Geim
安德烈亚·拉皮萨尔达 Andrea Rapisarda
安德烈亚斯·欣茨 Andreas Hinz
安德鲁·奥德里兹科 Andrew Odlyzko
安娜·方丹 Anne Fontaine
安娜·卢比夫 Anna Lubiw
安娜·施泰格尔 Anne Steiger
奥斯卡·范德芬特 Oskar van Deventer
奥斯卡·莫根施特恩 Oskar Morgenstern

B

巴勃罗·阿列尔·埃贝 Pablo Ariel Heiber
巴里·海斯 Barry Hayes
保罗·埃尔德什 Paul Erdös
保罗·莱维 Paul Lévy
贝尔纳·拉兰纳 Bernard Lalanne
贝尔特拉姆·费尔根豪尔 Bertram Felgenhauer
比尔·陈 B. Chen
比尔·盖茨 Bill Gates
彼得·梅瑟 Peter Messer
彼得·扬 Peter Young
彼得·伊兹 Peter Eades
彼特·拉兹赫尔德什 Peter Raedschelders
伯努瓦·曼德尔布罗 Benoît Mandelbrot
博德纳尔 E. Bodnar
博尧伊 Bolyai F.
布拉德利·埃弗龙 Bradley Efron
布赖恩·特纳 Brian Turner
布里特妮·加利文 Britney Gallivan
布鲁诺·博菲斯 Bruno Beaufils

C

查尔斯·乔丹 Charles Jordan
陈达鸿 Chan Tat-Hung

D

达维德·绍博 Dávid Szabó
大卫·希尔伯特 David Hilbert
戴·弗农 Dai Vernon
戴夫·拜尔 Dave Bayer
戴维·查尔顿 David Charlton
丹尼尔·费利克斯 Daniel Felix
丹尼尔·里德帕斯 Daniel Reidpath
德拉克鲁瓦 Delacroix
迪克·德布鲁因 Dick de Bruijn
迪瓦卡·维斯瓦纳特 Divakar Viswanath
蒂埃里·布施 Thierry Bousch
蒂莫西·阿博特 Timothy Abbott
蒂姆·罗伊特 Tim Rowett

F

芳贺和夫 Kazuo Haga
菲利多尔 Philidor
费迪南德·冯·林德曼 Ferdinand von Lindemann
弗朗切斯科·德科米泰 Francesco De Comité
弗朗西斯·高尔顿 Francis Galton
弗雷泽·贾维斯 Frazer Jarvis
弗里曼·戴森 Freeman Dyson

G

高德纳 Donald Knuth
戈布尔 G. Goble
戈登·罗伊尔 Gordon Royle
格哈德·沃金格 Gerhard Woeginger
格雷格·弗雷德里克森 Greg Frederickson
格雷-格罗 Gray-Gros
格伦·罗兹 Glenn Rhoads
格特尔芬格 B. Gettelfinger
格温 P. Gerwien

葛立恒 Ron Graham

H

哈里·霍迪尼 Harry Houdini
哈里·林格伦 Harry Lindgren
哈利·史密斯 Harry Smith
哈尼 Hanny
哈尼·范阿尔寇 Hanny van Arkel
海科·哈博特 Heiko Harborth
海因茨·霍普夫 Heinz Hopf
海因茨·沃德伯格 Heinz Voderberg
海因里希·黑施 Heinrich Heesch
汉斯·弗赖登塔尔 Hans Freudenthal
汉斯·科尔内 Hans Cornet
赫尔图比斯 T. Hurtubise
亨利·杜登尼 Henry Dudeney
亨利·庞加莱 Henri Poincaré
胡安·帕龙多 Juan Parrondo
华莱士 W. Wallace
霍斯泰特勒 M. Hostetler

J

加博尔·塞凯伊 Gábor Székely
加丁·布莱克 Gadin Black
加里·卡斯帕罗夫 Garry Kasparov
加里·麦圭尔 Gary McGuire
杰夫·豪 Jeff Howe
杰罗德·安肯曼 J. Ankenman
杰西 Jesse
金斯顿 A. Kingston

K

卡斯勒 E. Cussler
凯文·休斯敦 Kevin Houston
凯西·曼 Casey Mann
科尔·赫尔根斯 Kor Hurkens
克莱夫·图思 Clive Tooth
克劳德·香农 Claude Shannon

L

拉德利・约翰松 Bradley Johanson
拉法埃莱・萨尔维亚 Raffaele Salvia
拉基米尔・克拉姆尼克 Vladimir Kramnik
莱尔纳・佩赫利万 Lerna Pehlivan
劳里 M. Lowry
劳伦斯・彼得 Laurence Peter
雷蒙德・赫尔 Raymond Hull
李 R. Lee
李・撒洛斯 Lee Sallows
理查德・盖伊 Richard Guy
理查德・科尔夫 Richard Korf
理查德・萨维奇 Richard Savage
理查德・斯科勒 Richard Scorer
利奥波德・魏因贝格 Léopold Weinberg
利奥尼达斯・吉巴斯 Leonidas Guibas
林德 C. Rind
刘易斯・卡罗尔 Lewis Carroll
路易・巴斯德 Louis Pasteur
罗伯特・安曼 Robert Ammann
罗伯特・伯杰 Robert Berger
罗伯特・兰 Robert Lang
罗杰・阿尔珀林 Roger Alperin
罗兰・耶累哈达 Roland Yéléhada
罗姆・平哈希 Rom Pinchasi

M

马丁・德曼 Martin Demaine
马丁・加德纳 Martin Gardner
马顿・鲍拉日 Márton Balázs
马克・安德鲁斯 Mark Andrews
马克・布拉德尔 Mark Brader
马克・戴蒙德 Mark Diamond
马克・芬克尔斯坦 Mark Finkelstein
马克・康格 Mark Conger
马克・汤普森 Mark Thompson
马克斯・德恩 Max Dehn
马克斯・阿列克谢耶夫 Max Alekseyev
马克西姆・瓦西耶-拉格拉夫 Maxime

Vachier-Lagrave
马蕾娃・萨巴捷 Mareva Sabatier
马里昂・廷斯利 Marion Tinsley
马里扬 S. Marijan
马歇尔・伯恩 Marshall Bern
迈克・温克勒 Mike Winkler
迈克尔・沃特曼 Michael Waterman
毛诚德 C. Mao
米勒 G. Miller

N

尼尔・斯隆 Neil Sloane
尼古拉斯・霍弗特・德布鲁因 Nicolaas Govert
de Bruijn
尼古拉斯・沃莫尔德 Nicholas Wormald

P

帕特里克・阿克顿 Patrick Acton
帕特里克・格伦迪 Patrick Grundy
帕维尔・佩夫斯纳 Pavel Pevzner
佩尔西・迪亚科尼斯 Persi Diaconis
佩尔西・沃伦 Persi Warren
普卢基诺 A. Pluchino

Q

前川淳 Jun Meakawa
乔丹 B. Jordan
乔纳森・谢弗 Jonathan Schaeffer
乔舒亚・库珀 Joshua Cooper
乔治・怀特塞兹 G. M. Whitesides
乔治・西歇尔曼 George Sicherman
切萨雷・加罗法洛 Cesare Garofalo

R

让-弗朗索瓦・富尔图 Jean-François Fourtou
让-弗朗索瓦・科隆纳 Jean-François Colonna
热雷米・布吕内 Jérémie Brunet
若斯・莱斯 Jos Leys

S

萨达那培拉斯 Sardanapale
萨沙·库斯 Sascha Kurz
塞思·库珀 Seth Cooper
施特恩－布罗科 Stern-Brocot
史蒂文·莱维特 Steven Levitt
斯蒂芬斯 R. Stephens
斯科特·科迈纳斯 Scott Kominers
斯科特·亚当斯 Scott Adams
苏·怀特塞兹 S. Whitesides

T

塔里迪 V. R. Thallidi
泰伯 J. Tybur
汤海旭 Haixu Tang
汤姆·洛 Tom Lowe
藤田文章 Humaki Huzita
托比·伯杰 Toby Berger
托马斯·赫尔 Thomas Hull
托马斯·黑尔斯 Thomas Hales
托马斯·迈尔斯 Thomas Miles

W

瓦尔特·利茨曼 Walther Lietzmann
威廉·德拉姆 William Durham
威廉·坎特 William Kantor
威廉·科科伦 William Corcoran
威廉·拉森 William Larson
威廉·普雷斯 William Press
韦罗妮卡·比彻 Veronica Becher
沃尔夫 D. B. Wolfe
沃尔特·彭尼 Walter Penney
沃伦·巴菲特 Warren Buffett

X

西德勒 J.-P. Sydler
西里尔·帕金森 Cyril Parkinson
西蒙·维耶诺 Simon Viennot
西蒙斯 P. Simmons
西莫南－屈尼 Simonin-Cuny
希尔曼 H. Hillman
锡德里克·史密斯 Cedric Smith

Y

雅克·阿达马 Jacques Hadamard
雅克·朱斯坦 Jacques Justin
亚当·古彻 Adam Goucher
亚历克斯·埃尔姆斯利 Alex Elmsley
亚历克西斯·韦斯 Alexis Vaisse
亚历山大·迪尤德尼 Alexander Dewdney
亚历山大·克莱寇 Alexander Kawrykow
亚历山德罗·普卢基诺 Alessandro Pluchino
伊夫·塞萨里 Yves Cesari
于尔班·勒威耶 Urbain Le Verrier
羽鸟公士郎 Koshiro Hatori
约翰·冯·诺依曼 John von Neumann
约翰·基尔廷恩 John Kiltinen
约翰·康威 John Conway
约瑟夫·奥劳克 Joseph O'Rourke

Z

扎尔曼·乌西斯金 Zalman Usiskin
扎卡里·埃布尔 Zachary Abel
詹姆斯·邦德 James Bond
珍格勒夫斯基 C. Dziengelewski
朱利安·勒穆瓦纳 Julien Lemoine
朱塞佩·马佐科洛 Guiseppe Mazzuoccolo
佐兰·波波维奇 Zoran Popović

图片版权